高等职业学校"双高计划"新形态一体化教材

丘陵联合收割机的构造与维修

主　编　闫　建　陈贵清
副主编　谢　焕　李西富　陈陆斌
参　编　康学良　古小平　冉　毅　蔡　彧
　　　　谢英杰　闫　亮　肖春燕　王文玺

华中科技大学出版社
中国·武汉

内 容 简 介

本书紧密对接联合收割机修理岗位,从一线维修保养的角度介绍了联合收割机作业、维修、运输环节的安全注意事项,半喂入和全喂入联合收割机割台、脱粒部分、分离清选部分、输送部分、排草部分、行走部分、电气系统的常见故障诊断与排除方法,以及联合收割机的保养维护要点。书中深入挖掘课程蕴含的思政元素,并配套丰富的数字教学资源,让学生在学习维修技能的同时,培养学农、知农、爱农的"三农"情怀。

图书在版编目(CIP)数据

丘陵联合收割机的构造与维修/闫建,陈贵清主编. —武汉:华中科技大学出版社,2023.5
ISBN 978-7-5680-9305-7

Ⅰ.①丘… Ⅱ.①闫… ②陈… Ⅲ.①联合收获机-构造 ②联合收获机-维修 Ⅳ.①S225.3

中国国家版本馆 CIP 数据核字(2023)第 082757 号

丘陵联合收割机的构造与维修　　　　　　　　　　　　　　　　　闫　建　陈贵清　主编
Qiuling Lianhe Shougeji de Gouzao yu Weixiu

策划编辑:王　勇
责任编辑:戢凤平
封面设计:原色设计
责任监印:周治超
出版发行:华中科技大学出版社(中国·武汉)　　　电话:(027)81321913
　　　　　武汉市东湖新技术开发区华工科技园　　　邮编:430223
录　　排:武汉市洪山区佳年华文印部
印　　刷:武汉市籍缘印刷厂
开　　本:787mm×1092mm　1/16
印　　张:12.5
字　　数:302 千字
版　　次:2023 年 5 月第 1 版第 1 次印刷
定　　价:45.00 元

前言

全面建设社会主义现代化国家,最艰巨最繁重的任务仍然在农村。世界百年未有之大变局加速演进,我国发展进入战略机遇和风险挑战并存、不确定难预料因素增多的时期,守好"三农"基本盘至关重要、不容有失。农业的根本出路在于机械化,联合收割机作为农业机械化的有效载体,在水稻、小麦、油菜、大豆等农作物的收获环节发挥着重大作用。

"丘陵联合收割机的构造与维修"为现代农业装备应用技术专业的核心课程。该专业面向农业服务行业的农业装备领域,培养能够从事农业装备的修理、农业装备的社会化服务、农业装备的生产制造的高素质技术技能人才。本书的指导思想是以丘陵联合收割机维修保养的岗位能力要求为核心,旨在为毕业生在农业装备应用行业实现零距离就业奠定良好的基础。

本书从一线维修保养的角度讲述了联合收割机作业、维修过程中的安全注意事项,半喂入联合收割机割台的常见故障诊断与排除,全喂入联合收割机割台的常见故障诊断与排除,脱粒部分的常见故障诊断与排除,分离清选部分的常见故障诊断与排除,输送部分的常见故障诊断与排除,排草部分的常见故障诊断与排除,行走部分的常见故障诊断与排除,电气系统的常见故障诊断与排除以及保养维护要点。本书以实际故障的诊断与排除为主线,重构教材知识体系,打破学科体系思维,将知识、能力、素质三大培养目标融入故障解决过程;深入挖掘课程中蕴含的思政元素,将社会主义核心价值观、家国情怀、使命担当、职业道德与工匠精神、标准规范意识有机融入维修过程中,培养学生学农、知农、爱农的"三农"情怀。本书配套丰富的数字教学资源,结合在线课程,全方位多维度提升学生学习效果。

本书由重庆三峡职业学院闫建、陈贵清担任主编,重庆三峡职业学院谢焕、李西富和重庆市新苗农机有限公司陈陆斌担任副主编;参编人员有重庆三峡职业学院康学良、古小平、冉毅、蔡彧,重庆市农业机械化技术推广总站谢英杰,重庆市工业学校闫亮,重庆鑫源农机股份有限公司肖春燕,重庆市和丰农业科技有限公司王文玺。

本书在编写过程中,得到了重庆市农业机械化技术推广总站,吉峰农机连锁股份有限公司、重庆市新苗农机有限公司等企业的大力支持,编者在此一并表示衷心的感谢!

由于编者水平有限,书中不免存在诸多不足之处,恳请读者批评指正。

编　者

2023 年 3 月

于重庆万州

目 录

项目 1
安全第一

📖 项目描述

随着全国农业机械化水平的提高,农机的保有量逐年上升,大大提高了农业生产效率,有效保障了我国的粮食安全。但是,农机安全不容忽视。根据农业农村部农业机械化管理司通报,2021年上半年,全国累计报告在国家等级公路以外的农机事故 74 起、死亡 14 人、受伤 21 人、直接经济损失 144.02 万元。其中:拖拉机事故 50 起、死亡 11 人、受伤 13 人,分别占比 67.6%、78.6% 和 61.9%;联合收割机事故 19 起、死亡 1 人、受伤 7 人,分别占比 25.7%、7.1% 和 33.3%;其他农业机械事故 5 起、死亡 2 人、受伤 1 人,分别占比 6.7%、14.3% 和 4.8%。因此,熟悉联合收割机的各类安全标识,掌握操作、转移及修理过程中的安全事项至关重要。

✏️ 教学目标

知识目标
1. 熟悉联合收割机的各类安全标识。
2. 掌握联合收割机操作、转移、修理的安全注意事项。

能力目标
1. 具备识读各类安全标识的能力。
2. 具备向客户宣讲安全知识的能力。

素质目标
1. 树立正确的安全观。
2. 在操作、转移、修理联合收割机时,自觉遵守各项安全规则。

敬畏生命　遵守规则

2021 年 6 月 4 日 9 时 50 分许,张某辉无证驾驶联合收割机,在河南省周口市淮阳区安岭镇碱庄作业,在田间掉头时碰撞碾压骑自行车路过的张某正,导致张某正受伤,经抢救无效死亡。

任务 1　联合收割机安全常识认知

任务描述

本任务是学习联合收割机在操作、维修、保养过程中的注意事项,要求能够快速正确地识读各类安全标识,保障人员、设备安全。

任务目标

1. 能够快速正确地识读各类安全标识。
2. 树立安全意识,严格遵守各项安全规程。

准备工具

联合收割机 1 台。

知识要点

1. 操作前的注意事项。
2. 操作时的注意事项。
3. 维护保养注意事项。

1.1　操作前的注意事项

为了安全作业,请务必遵守下列事项。

⚠ 请仔细阅读机器上的警示标签,熟记正确的驾驶、作业方法。

● 除了本书所列举的事项以外,还必须充分注意其他方面的安全,并始终保持警告标签的清洁。

[若不遵守]

可能有导致死亡或重伤的危险。

⚠ 不得在饮酒、服用药物后或疲劳时操作机器。

● 驾驶操作机器时，需要进行正确判断，下列人员请勿驾驶操作联合收割机：饮酒者、睡眠不足者、孕妇、过于劳累者、患病者、未满16周岁者。

［若不遵守］

可能会引发意外事故。

⚠ 驾驶员、助手均应穿着适合作业的服装。

● 请勿穿着宽松肥大的服装。

● 请务必收紧袖口。

● 请勿佩戴头巾、围巾以及在腰部缠绕毛巾。

● 请勿穿着凉鞋、拖鞋作业。

● 请根据需要戴好安全帽、护目镜和手套，穿好安全鞋等。

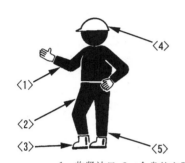

1—收紧袖口；2—合身的衣服；
3—防滑的鞋具；4—戴好安全帽；5—收紧裤腿

［若不遵守］

可能会因衣物勾住操作手柄或动作部位，或因脚底打滑而导致受伤。

⚠ 请不要让无法理解警示标签内容的人或儿童操作机器。

● 将机器借给他人或让他人驾驶时，应让其阅读使用说明书，并向其说明使用方法和安全注意事项，指导其进行安全作业。

［若不遵守］

可能有造成死亡或受伤的危险。

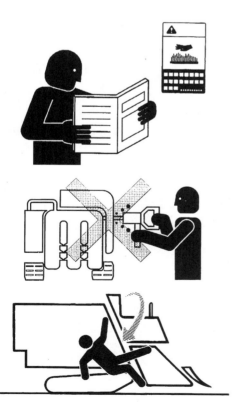

⚠ 请勿擅自改装收割机。

［若不遵守］

可能会损害安全性，导致意外事故发生。

⚠ 进出驾驶室时，请勿跳上、跳下。

● 请在平坦的场所紧握扶手，踩稳踏板以进出驾驶室，以免打滑。

［若不遵守］

可能会导致跌落事故，造成受伤。

⚠ 非驾驶人员请勿乘坐机器。

● 机器正在运行时,请勿跳上、跳下。

[若不遵守]

可能会从机器上摔下或被机器碾压,导致死亡或受伤。

1.2 操作时的注意事项

操作时请务必遵守下列事项。

⚠ 请避免在夜间作业或移动机器。

● 不得已在夜间作业时,请务必打开前照灯和作业灯。

● 不得已在夜间移动机器时,请务必打开前照灯。

[若不遵守]

可能会导致交通事故或翻车、跌落事故,造成死亡或受伤。

⚠ 在室内驾驶机器时,请注意废气排放,适当进行换气。

● 请将排气管延长至室外,或者打开门窗,使空气充分进入室内。

[若不遵守]

发动机排出的气体有毒,可能会引起废气中毒,导致死亡事故发生。

⚠ 移动机器时,请注意周围的安全。

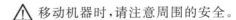

● 启动发动机时,应坐在驾驶座上,将变速手柄置于[停止]位置,并将脱粒、收割各离合器手柄置于[离]的位置,通过鸣喇叭等方式进行提示。

● 发动机器或将脱粒、收割各离合器手柄置于[合]的位置时,请通过鸣喇叭等方式进行提示。

[若不遵守]

可能将人员卷入旋转部件或夹住,造成重伤。

⚠ 初次驾驶机器的人员，在熟悉操作前请保持低速行走。

［若不遵守］

可能会引发意外事故。

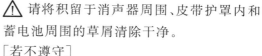

⚠ 请将积留于消声器周围、皮带护罩内和蓄电池周围的草屑清除干净。

［若不遵守］

可能会引发火灾。

⚠ 移动行走时，请遵守下列事项。

● 将脱粒、收割离合器手柄置于［离］的位置，并禁止非驾驶人员乘坐。

● 排出所有谷粒。

● 收起左右分禾杆，减小机体宽度。

［若不遵守］

可能会导致人员受伤或物品损坏，或导致机器失衡，造成翻车。

⚠ 移动行走时，请勿急转弯。

● 改变方向时，请降低行走速度（变为低速），在慢慢放下液压转向杆后进行旋转。

［若不遵守］

可能会从机器上摔下或造成翻车。

⚠ 在坡路（倾斜地）上行走时，请降低行走速度。

● 在坡路（倾斜地）上行走时，请勿突然操作液压转向杆。

● 请勿在坡路（倾斜地）上进行斜向行走或旋转。

［若不遵守］

可能会导致机器失控，造成翻车。

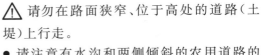

⚠ 请勿在路面狭窄、位于高处的道路（土堤）上行走。

● 请注意有水沟和两侧倾斜的农用道路的路肩。请勿在水沟、坑穴和土堤附近行走。

● 在有积水、杂草丛生的地方行走时，如果看不清路况，请先下车仔细确认。

［若不遵守］

可能会导致机器失衡，造成翻车或人员掉落。

⚠ 进出田块时，请在有高低差的地方使用装卸板。

● 在高低差达 10 cm 以上的地段，请使用长度在高低差 4 倍以上的标准装卸板。

● 装卸板应与高低差垂直放置，排出所有谷粒。

［若不遵守］

可能会因机体失衡而导致翻车。

⚠ 翻越田埂时，应以直角方向低速行走。

● 翻越 10 cm 以上的田埂或混凝土田坝时，请使用长度在高低差 4 倍以上的标准装卸板。

● 排出所有谷粒。

［若不遵守］

可能会因机体失衡而导致翻车。

⚠ 停车时或离开驾驶座时，请将机器停放在平坦的场所，将变速手柄置于［停止］位置，挂上停车刹车，降下割台直到接触地面，然后关停发动机，并拔下主开关的钥匙。

● 不得已将机器停在坡路（倾斜地）时，还需使用木块等进行制动。

［若不遵守］

可能会导致机器失控，造成意外事故。

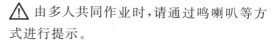

⚠ 由多人共同作业时,请通过鸣喇叭等方式进行提示。

● 启动发动机以及合上各作业离合器或打开开关时,请通过鸣喇叭等方式进行提示,并务必得到助手的许可。

● 助手靠近机器时,必须明确告知驾驶人员。

[若不遵守]

当助手位于从驾驶座难以看到的位置时,可能会导致意外事故发生。

⚠ 进行田角收割作业时,请充分确认后方情况。

[若不遵守]

过分后退可能导致翻车或人员掉落。

⚠ 进行手动脱粒作业时,手和胳膊必须在链条的外侧,并少量依次喂入。

● 请将机器停放在平坦的场所,停止割台的动作,挂上停车刹车。

● 请收紧衣服的袖口,切勿佩戴手套、头巾、围巾及在腰部缠绕毛巾。

● 将堆积在脱粒部入口处的秸秆、稻谷等推入脱粒部时,请少量依次推入,以免手和胳膊被链条卷入。

[若不遵守]

可能会被链条卷入而造成重伤。

⚠ 请勿在坡度大于 5°的场所作业。

● 请停止行走,将机器移至平坦的场所后,在水平状态下进行作业。

[若不遵守]

可能会因机体失衡而导致翻车。

⚠ 请勿将机器停放在草屑或枯草堆上。

［若不遵守］

草屑和枯草极易燃烧，可能会引发火灾。

1.3　维护保养注意事项

维护保养时请务必遵守下列事项。

⚠ 作业前必须进行检查（日常检查）。

● 驾驶机器前，请对需要检查的项目进行检查。如有异常，请在维护后再驾驶。

［若不遵守］

可能会因维护不良引起的事故而导致人员受伤。

⚠ 检查、维护、清扫和加油时，请务必关停发动机，并拔下主开关的钥匙。

● 请务必将拆下的安全盖和保护盖安装回原位后再进行作业。

［若不遵守］

可能会被卷入旋转部位，造成受伤。

⚠ 检查维护和作业过程中，请勿让儿童靠近机器。

［若不遵守］

可能会将人员卷入旋转部件或夹住，造成重伤。

⚠ 打开或关闭脱粒筒部、切刀部、发动机舱盖时,请务必关停发动机,并拔下主开关的钥匙。

● 请在平坦的场所打开或关闭各部位。
● 打开脱粒筒部、切刀部时,请支好撑杆。
● 请勿在各部位打开的状态下启动发动机。

[若不遵守]

可能会与内部旋转部件接触或被卷入,造成重伤。

⚠ 发现异常时,请立即关停发动机,拔下主开关的钥匙。

● 清除缠绕、堵塞的秸秆或检查、清扫谷粒时,请将脱粒、收割各离合器手柄置于[离]的位置,并务必关停发动机后再进行处理。
● 清除堵塞在割台、脱粒筒部、切刀部的秸秆时,请戴上厚手套,少量依次清除。
● 请勿徒手接触刀刃。

[若不遵守]

可能会因接触切刀、刀刃或链条等动作部分而被卷入,造成重伤。

⚠ 因检查或清扫而拆下的护罩请务必安装回原位。

● 请勿在拆下皮带和链条的护罩、清扫口和检查窗护罩等的状态下驾驶机器。

[若不遵守]

可能会与内部旋转部件接触或被卷入,造成重伤。

⚠ 请在关停发动机并待各部位冷却后再进行检查、清扫。

● 发动机刚刚停止后,请勿触摸发动机主体、消声器和排气管。

[若不遵守]

会有烫伤的危险。

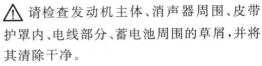

 ⚠ 请检查发动机主体、消声器周围、皮带护罩内、电线部分、蓄电池周围的草屑,并将其清除干净。
［若不遵守］
可能会引发火灾。

 ⚠ 清扫时,请勿触摸割刀和切刀的刀刃。
［若不遵守］
可能会因接触刀刃而导致受伤。

 ⚠ 请勿使明火(火柴、打火机以及香烟的火星等)靠近蓄电池或使蓄电池电线短路。
［若不遵守］
蓄电池会产生氢气,可能会导致起火爆炸。

 ⚠ 请检查线束和蓄电池电线等电气配线的保护层是否破损,配线是否被夹住等。
［若不遵守］
可能会因短路而引发火灾。

 ⚠ 请在发动机、消声器冷却后,再盖上机罩。
［若不遵守］
可能会引发火灾。

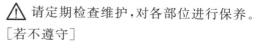 请定期检查维护,对各部位进行保养。

[若不遵守]

可能会因维护不良引起的事故而导致人员受伤。

⚠ 请勿随意丢弃、焚烧废弃物。

● 从机器上排放废液时,请使用容器盛装。

● 请勿使废液流淌到地面上或将其倒入河流、湖泊、海洋中。

● 废弃或焚烧废油、燃油、冷却水(防冻液)、制冷剂、溶剂、滤清器、蓄电池、橡胶类及其他有害物质时,按照规定的方法进行处理。

[若不遵守]

会因造成环境污染而受到法律处罚。

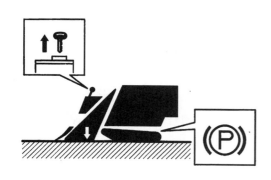

⚠ 进行各部位的检查、维护、更换及清扫时,请务必在平坦的场所关停发动机,拔下主开关的钥匙,将各离合器手柄置于[离]的位置,并挂上停车刹车。

[若不遵守]

可能会被机器夹住或卷入,造成受伤。

⚠ 打开脱粒筒部、切刀部后,请使用撑杆固定。

[若不遵守]

可能会被收割机夹住,造成受伤。

⚠ 请勿在打开发动机舱盖、脱粒筒部、切刀部的状态下启动发动机。

[若不遵守]

可能会与内部旋转部件接触或被卷入,造成重伤。

⚠ 拆卸或安装筛选箱、切断轴组件等重型部件时,须由 2 人以上共同作业。

[若不遵守]

可能会因意外的掉落而导致受伤。

⚠ 抬起割台进行检查、维护以及清扫作业时,请锁定割台,并采取措施以防止割台下降。

● 作业前,请务必关停发动机,并挂上停车刹车。

● 请勿钻入割台下方或将手脚伸入其中。

[若不遵守]

可能会被收割机夹住而导致受伤。

⚠ 调整和更换割刀、切刀刀片、茎秆切刀时,请戴上手套,避免直接触碰刀刃。

[若不遵守]

可能会因触碰刀刃而导致受伤。

⚠ 遇到异常时应马上关停发动机。

● 在机器的工作部位有很多危险处,在运转中如出现秸秆缠绕或堵塞,不能马上去清除,而须先关停发动机再处理。

● 茎秆切碎器如有秸秆堵塞,须马上分开各部离合器,关停发动机后再进行处理。

● 在茎秆切碎器堵塞后,清除堵塞秸秆时,须戴上厚的手套,一点一点地去除,戴手套前,请勿接触刀刃。

● 皮带盖、链条盖等内部有危险的旋转物,运转时不要将手伸进盖内。

● 各清扫口、检查窗内部有高速旋转物,在打开清扫口或检查窗时,必须将发动机关停。

● 割台上有旋转物及锋利的割刀,运转时不能靠近割台。

● 搅龙、粮箱内及清扫口有高速旋转物,在工作状态时严禁任何身体部位进入。检查时,必须关停发动机。

⚠ 在脱粒滚筒、发动机盖、茎秆切碎器等打开的状态下启动发动机是非常危险的。禁止在各部位打开的状态下启动发动机。另外,在发动机旋转时,禁止打开各部分。

● 滚筒堵塞时,须马上分开脱粒离合器,将发动机关停后再清理。

● 滚筒堵塞时,优先从侧面打开滚筒进行清理,如堵塞严重,须从脱粒部上面打开盖板清理。清理时,务必戴手套进行操作。

● 清理完毕后按要求关闭脱粒滚筒。

⚠ 工作时,茎秆切碎器后严禁站人。

⚠ 请务必安装好拆下的各类护罩。

[若不遵守]

可能会与内部旋转部件接触或被卷入,造成重伤。

⚠ 拆卸蓄电池时,首先请拆下负(一)极线。安装蓄电池时,首先请将正(＋)极线安装于正(＋)极端子上。

● 请勿使明火(火柴、打火机以及香烟的火星等)靠近蓄电池或使蓄电池电线短路。

［若不遵守］

会有导致烫伤或起火爆炸的危险。

⚠ 蓄电池的液位在最低液位线以下时,请勿继续使用或对其充电。

● 蓄电池的电解液不足时,请立即补充,使其处于 UPPER LEVEL(上限)和 LOWER LEVEL(下限)之间。

● 请将蓄电池从机器上拆下后再充电。请在通风良好的场所充电。

● 在放电后的蓄电池上连接救援电缆等进行启动时,请仔细阅读救援电缆的操作方法后再进行操作。

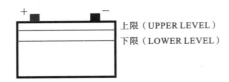

上限（UPPER LEVEL）
下限（LOWER LEVEL）

［若不遵守］

在蓄电池的液位处于最低液位线以下时继续使用或对其充电,不仅会缩短蓄电池的寿命,还可能引起爆炸。

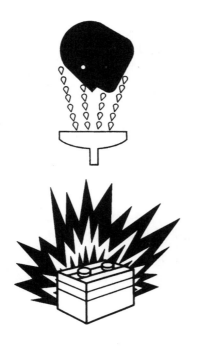

⚠ 请勿使蓄电池液(稀硫酸)沾到身上。

● 电解液不慎进入眼睛或误食电解液时,请立即用水充分洗漱,然后接受医生的治疗。

● 电解液不慎沾到皮肤、衣物上时,请立即用水充分清洗。

［若不遵守］

会有导致失明或烫伤的危险。

⚠ 请勿使用指定以外的蓄电池。请使用说明书中指定的蓄电池。

［若不遵守］

可能会导致意外事故发生。

⚠ 请在发动机冷却后再打开散热器的压力盖和备用水箱。

● 发动机停止后等待 30 min 以上,慢慢旋松散热器的压力盖,释放蒸汽压力后再将其打开。

[若不遵守]

可能会因热水或蒸汽喷出而导致烫伤或受伤。

⚠ 请每 2 年更换一次燃油软管、散热器软管及排油软管。

● 橡胶制品会因时效变化而老化,请定期更换。

[若不遵守]

可能会因燃油、热水泄漏而导致火灾或烫伤。

⚠ 请使用厚纸或板材等检查燃油喷射管、液压管中的高压油有无泄漏。

● 请勿用手直接接触高压油。如不慎接触,请立即接受医生的诊断。

[若不遵守]

高压油可能会渗入皮肤,导致皮肤坏死。

任务 2 　 联合收割机运输安全知识认知

任务描述

本任务是学习联合收割机在运输过程中的注意事项,要求能够掌握联合收割机装卸的安全知识,保障运输过程中人员及设备的安全。

任务目标

1. 掌握装卸收割机的安全规范。

2. 树立安全意识,严格遵守各项安全规程。

3. 掌握灭火器的使用及维护方法。

准备工具

联合收割机 1 台,装卸用跳板 1 副,灭火器 1 个。

知识要点

1. 装卸收割机的安全规范。

2. 灭火器的操作使用。

2.1　运输注意事项

运输收割机时,请遵守下列事项。

⚠ 请在平坦的场所利用卡车装卸。

● 请选择装卸板不会因机器重量而发生倾斜的场所。

● 请挂上卡车的停车刹车,将卡车的变速手柄置于 R(后退)或 1 速,并对轮胎进行制动,以免卡车移动。

● 请尽量在助手的引导下进行装卸。请勿使他人靠近。

[若不遵守]

可能会因装卸板偏移、卡车移动而导致机器掉落。

⚠ 装车、卸车时，请使用标准装卸板。

● 装卸板的标准：

　　长度　　卡车车厢高度的 4 倍以上

　　宽度　　50 cm 以上

　　数量　　2 块

　　强度　　每块可承受 1200 kg 以上的重量

● 请使用带挂钩、防滑装置的装卸板。

● 确保装卸板钩挂牢靠并与卡车车厢平行。

［若不遵守］

可能会因装卸板偏移、脱落而导致机器掉落。

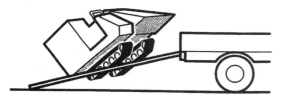

⚠ 装车、卸车前，请完全排出谷粒。

［若不遵守］

可能会导致机器失衡，造成翻车或人员掉落。

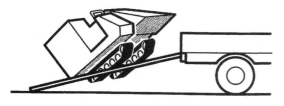

⚠ 利用卡车装卸时，请以最低速度行走。

● 将各作业离合器（脱粒、收割）手柄置于［离］的位置。

● 请以前进方式装车，以后退方式卸车。

［若不遵守］

可能会导致机器失衡，造成翻车或人员掉落。

⚠ 请勿在装卸板上调整方向。

● 机器在装卸板上行走时，驾驶员应从收割机上下来。

● 请勿在装卸板上突然操作液压转向杆。

● 改变方向时，请先返回地面或车厢，调整好方向后再重新操作。

［若不遵守］

急转弯可能会导致机器失控，造成人员掉落。

⚠ 在卡车上降下割台,直至接触车厢面。

● 挂上停车刹车。

● 请在规定的[绳索挂钩(4 处)]上拴挂绳索,将其牢牢固定于车厢面。

● 进行制动。

[若不遵守]

可能会因机器移动而导致意外事故发生。

⚠ 将机器装在卡车上后,请固定好机体上的各类护罩。

● 树脂护罩、可简单拆装的护罩等请用绳索切实固定,或拆下后放在车厢板上。

[若不遵守]

可能会在运输途中因风力而损坏或脱落。

⚠ 运输过程中,请勿突然发动、急刹车和急转弯。

[若不遵守]

可能会在运输途中因机器移动而导致意外事故发生。

2.2 其他注意事项

请务必在联合收割机上设置灭火器,并遵守以下有关灭火器的事项。

1. 使用方法

灭火时,手提灭火器,拔出保险销,在离火面有效距离(约 2.5 m)内,将喷嘴对准火焰根部,按下压把,推进喷射。此时应不断摆动喷嘴,使干粉覆盖整个火焰区,很快即可把火扑灭。灭火时要迅速果断,绝不留下明火以防复燃。不要冲击液面,以防飞溅,造成灭火困难。灭火时灭火器头朝上使用,倾斜度不要太大。切勿放平或倒置使用。

2. 维护和保养

每年检查一次,发现表指针低于绿区时,应及时补充氮气。

每 5 年或再次充填前,应按规定进行水压强度试验,合格后方可继续使用。灭火器一经喷射,必须重新充装。

3. 注意事项

如有火情,操作者应首先使用灭火器灭火。

灭火器应挂放在通风干燥处,有效环境温度为－10～＋45 ℃。

4. 安装位置

请将灭火器放置在驾驶座后侧的安装架上。

［若不遵守］

可能会在联合收割机发生火灾时被烧伤。

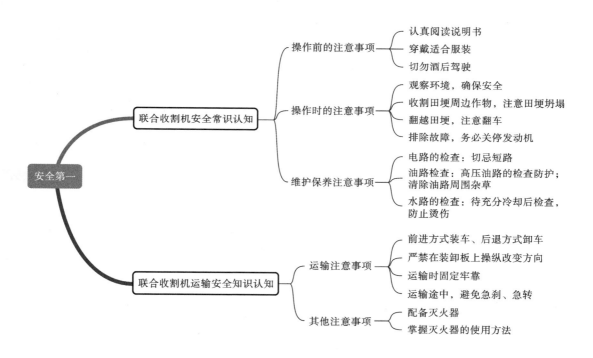

思考与练习

1. 简述打开散热器压力盖的注意事项。

2. 简述联合收割机转运时的注意事项。

3. 简述拆、装蓄电池的注意事项。

项目 2
联合收割机总体构造的认识

 项目描述

  中国是一个农业大国,水稻是我国农业生产中最为主要的粮食作物之一。中国水稻的种植面积排在世界第二位;中国是世界上水稻产量最高的国家,每年的水稻产量高达 2 亿吨。巨大的水稻产量仅仅依靠人力收割是不现实的,需要运用收割机械,譬如水稻联合收割机。掌握联合收割机的构造是维修的前提,对联合收割机的构造应做到"庖丁解牛"般的熟悉。

 教学目标

知识目标

1. 掌握联合收割机的总体构造。
2. 熟悉联合收割机各操作部件的位置、名称及作用。
3. 熟悉联合收割机的常用术语。

能力目标

1. 能够正确分析联合收割机的动力传递路线。
2. 能够正确拆装联合收割机的外壳及附件。

素质目标

1. 培养勤于思考、善于总结的学习习惯。
2. 培养学生热爱技能、钻研技能、掌握技能的工匠精神。

庖丁解牛

秋凉时节,天高云淡,庄子信步来到濮水北岸牧场上,只见遍地牛群,他捋着胡须,陶醉了。

庄子突然想起今天庖丁要参加技能大赛了,于是快步前往。

只见庖丁注目凝神,提气收腹,气运丹田,他表情凝重,运足气力,挥舞牛刀,寒光闪闪上下舞动,劈如闪电掠长空,刺如惊雷破山岳,只听"咚"的一声,大牛应声倒地。

再看庖丁手掌朝这儿一伸,肩膀往那边一顶,伸脚往下面一抻,屈膝往那边一撩,动作轻快灵活。庖丁将屠刀刺入牛,皮肉与筋骨剥离的声音,与他运刀时的动作互相配合,显得是那样的和谐一致,美妙动人。就像踏着商汤时代的乐曲《桑林》起舞一般,而解牛时所发出的声响也与尧乐《经首》十分合拍,这样的场景真是太美妙了。不一会,就听到"哗啦"一声,整个牛就解体了。

站在一旁的梁惠王不觉看呆了,他禁不住高声赞叹道:"啊呀,真了不起! 你宰牛的技术怎么会这么高超呢?"

庖丁见问,赶紧放下屠刀,对梁惠王说:"我做事比较喜欢探究事物的规律,因为这比一般的技术技巧要更高一筹。我在刚开始学宰牛时,因为不了解牛的身体构造,眼前所见无非就是一头头庞大的牛,等到我有了3年的宰牛经历以后,我对牛的构造就完全了解了。现在我宰牛多了以后,就只需用心灵去感触牛,而不必用眼睛去看它。"

"我的这把刀已经用了19年了,宰杀过的牛不下千头,可是刀口还像刚在磨刀石上磨过一样地锋利。"

在满堂喝彩声中,庖丁轻松夺冠。

任务1　半喂入联合收割机总体构造

任务描述

本任务主要学习半喂入联合收割机的构造、收割机各部件的名称及在设备中的具体位置。

任务目标

1. 掌握联合收割机的分类。

2. 掌握半喂入联合收割机的构造。

准备工具

半喂入联合收割机1台。

知识要点

1. 联合收割机的分类。

2. 半喂入联合收割机的构造。

1.1 联合收割机的分类

联合收割机按照不同的分类方式可分为不同的类型:按照喂入方式可分为全喂入式和半喂入式;按行走装置可分为轮式和履带式两种;按喂入量可分为大型、中型、小型三种。按照喂入方式分类是最常见的分类方式。

1. 全喂入联合收割机

全喂入联合收割机的收获工艺过程是将带穗作物茎秆切割下来,然后通过输送装置送进脱粒装置脱粒,再由分离和排草装置将秸秆排出机外;籽粒糠杂经清选等装置处理后,籽粒进粮仓,糠杂排出机外。代表机型制造商有中国的沃得、雷沃,美国的约翰迪尔,日本的久保田。

这种机型的优点是历史悠久,久经考验,价格便宜,是目前联合收割机的主流产品。全喂入稻麦联合收割机收割台的作业过程是:拨禾轮将稻麦植株拨入收割台,由往复式割刀将稻麦植株切断,再由螺旋推运器中的伸缩扒指送进倾斜输送槽。稻麦植株在收割台切割后被拨禾装置拨入输送装置的总量叫喂入量。

影响全喂入稻麦联合收割机喂入量的因素比较多,主要有机器作业平均速度、谷草比、割幅及作物产量。在这四项因素之中,谷草比的改变,也就是割茬高低的改变,是影响全喂入稻麦联合收割机作业效率的最重要的因素。因为割茬越低,进入全喂入稻麦联合收割机的秸秆越多,喂入量越大,则机器负荷越大、故障越多且作业效率越低;反之割茬越高,进入全喂入稻麦联合收割机的秸秆越少,喂入量越小,则机器负荷越小、故障越少且作业效率越高。但是割茬太高不利于后续的耕作种植,需焚烧秸秆,由此又会带来严重的环境污染及火灾隐患。

为了解决传统全喂入稻麦联合收割机收割台的割茬高低问题,近年来出现了双层割刀收割台。这种收割台虽然能够降低喂入量,但全喂入稻麦联合收割机收割后的秸秆因为不完整而不便利用,只能秸秆还田,效果还是不尽如人意。

2. 半喂入联合收割机

半喂入联合收割机的收获工艺过程是将带穗作物茎秆切割下来,然后茎秆基部被夹送机构夹持住在脱粒室外移动,仅穗头部分喂入脱粒室脱粒,脱完粒的秸秆被排出机外在后边铺放;籽粒糠杂经清选等装置处理后,籽粒装袋或进入粮仓,糠杂排出机外。代表机型有日本的久保田 PRO588、洋马 YH6118 及中国的沃得 150AA 等。这种机型的优点是收获质量较好,割茬低、铺放整齐,得到的秸秆长、方便利用且可以根据需要切断秸秆还田。其缺点是结构复杂,价格太高(日本产品约 22 万元/台,国产的约 17 万元/台),且作业效率往往低于全喂入联合收割机。

1.2 半喂入联合收割机总体构造

关于半喂入联合收割机的方向,本书中使用的前后、左右、左转、右转等方向如图 2-1 所示。半喂入联合收割机的构造及相关说明如图 2-2 至图 2-4 所示。

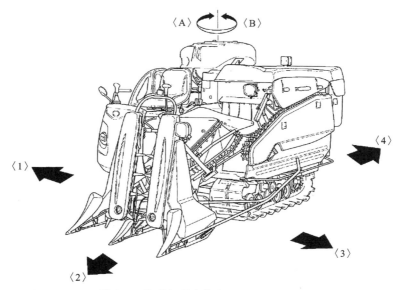

图 2-1 半喂入联合收割机的方向说明

1—右侧 2—前方 3—左侧 4—后方 A—右转(顺时针方向) B—左转(逆时针方向)

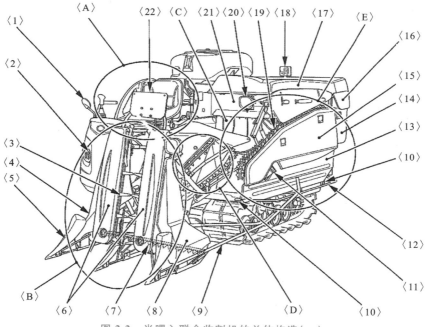

图 2-2 半喂入联合收割机的总体构造(一)

1—后视镜 2—前照灯 3—扶禾爪 4—扶禾爪右侧盖 5—分禾器 6—扶禾爪盖
7—割刀 8—扶禾爪左侧盖 9—左前侧分禾杆 10—绳索挂钩 11—加油口
12—左后侧分禾杆 13—脱粒部左侧下盖 14—切刀左侧盖 15—脱粒部左侧盖 16—茎根盖
17—脱粒部左侧上盖 18—转向灯 19—输送链条 20—作业灯 21—脱粒部前盖 22—前侧号牌安装座
A—驾驶操作部(启动、停止发动机或使机器移动行走、进行收割作业的驾驶操作部分)
B—割台(扶起和收割作物的部分) C—脱粒部入口(将作物从割台传送到脱粒部的入口处)
D—供给传送部(将作物传送到脱粒部的部分) E—脱粒部(对作物进行脱粒的部分)

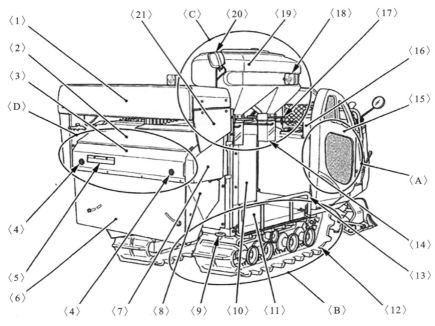

图 2-3　半喂入联合收割机的总体构造(二)

1—切刀上盖　2—切刀切换盖　3—切刀　4—反射器　5—后侧号牌安装座　6—后泄草器
7—切刀右侧盖　8—侧泄草器　9—绳索挂钩　10—脱粒部右侧盖　11—装谷袋平台　12—履带
13—装谷袋防落栅　14—集谷箱排出口　15—发动机舱盖　16—灭火器　17—出谷口挡板
18—转向灯　19—集谷箱　20—作业灯　21—穗端盖

A—发动机部(位于驾驶座下部的动力装置)

B—行走部(利用履带行走部分)

C—集谷箱部(临时贮藏脱粒清选后的谷粒,并将其装入口袋的部位)

D—排草部(切断秸秆并泄出的排草部分)

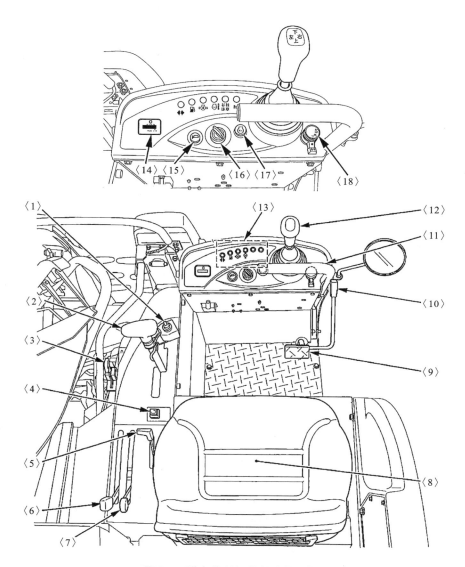

图 2-4　联合收割机的驾驶操作部

1—脱粒深浅手动切换开关　2—变速器手柄　3—收割变速切换手柄　4—脱粒深浅自动切换开关
5—油门手柄　6—脱粒离合器手柄　7—收割离合器手柄　8—驾驶座　9—停车踏板（停车刹车）
10—停车刹车手柄　11—扶手　12—液压转向杆　13—警报显示仪表盘　14—发动机转速表/小时表
15—喇叭开关　16—主开关　17—发动机熄火拉杆　18—组合开关

任务 2　全喂入联合收割机总体构造

任务描述

本任务是学习全喂入联合收割机的构造、收割机各部件的名称及在设备中的具体位置。

任务目标

掌握全喂入联合收割机的构造。

准备工具

全喂入联合收割机 1 台。

知识要点

全喂入联合收割机的构造。

关于全喂入联合收割机的方向，本书中使用的前后、左右、左转、右转等方向如图 2-5 所示。全喂入联合收割机的构造及相关说明如图 2-6 至图 2-9 所示。

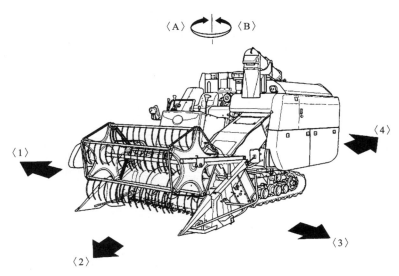

图 2-5　全喂入联合收割机的方向说明

1—右侧　2—前方　3—左侧　4—后方

A—右转（顺时针方向）　B—左转（逆时针方向）

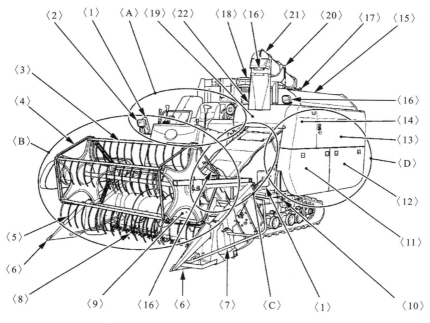

图 2-6　全喂入联合收割机的总体构造(一)

1—后视镜　2—前照灯　3—扶禾爪杆　4—扶禾爪轮　5—拨禾轮扶禾爪　6—分禾器

7—左右分草器　8—割刀　9—喂入搅龙　10—绳索挂钩　11—脱粒部左侧盖 2　12—脱粒部左侧盖 3

13—脱粒滚筒侧盖　14—脱粒部左侧盖 1　15—脱粒筒上盖　16—作业灯　17—脱粒室排尘阀调节手柄

18—预滤滤清器　19—脱粒部前盖　20—卸谷器支架　21—卸谷器　22—出谷口

A—驾驶操作部(启动、停止发动机或使机器移动行走、进行收割作业的驾驶操作部分)

B—割台(扒入和收割作物的部分)

C—脱粒部入口(将作物传送到脱粒部的入口处)

D—供给传送部(将作物传送到脱粒部的部分(供给装置传送带))

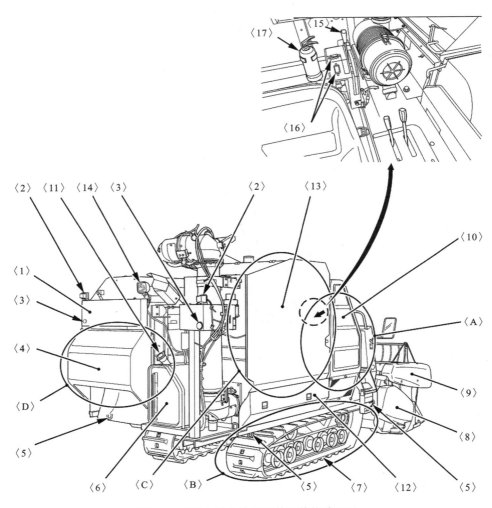

图 2-7 全喂入联合收割机的总体构造（二）

1—脱粒后盖 2—转向灯 3—反射器 4—排尘罩 5—绳索挂钩 6—燃油箱

7—履带 8—割台右侧盖 9—拨禾轮盖 10—发动机舱侧盖 11—燃油箱盖 12—粮仓下盖

13—粮仓 14—作业灯 15—出谷离合器手柄 16—卸谷器操作开关 17—灭火器

A—发动机部（位于驾驶座下部的动力装置）

B—行走部（利用履带行走部分）

C—粮仓部（临时贮藏脱粒清选后的谷粒,并将其装入口袋的部位）

D—排草部（排出秸秆的部分）

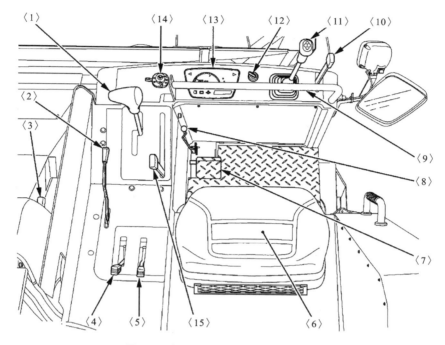

图 2-8 全喂入联合收割机驾驶操作部

1—主变速手柄 2—油门手柄 3—收割反转离合手柄 4—脱粒离合手柄 5—收割离合手柄
6—驾驶座 7—停车踏板 8—停车锁定手柄 9—扶手 10—拨禾轮升降手柄 11—液压转向杆
12—主开关 13—仪表盘 14—照明开关 15—副变速手柄

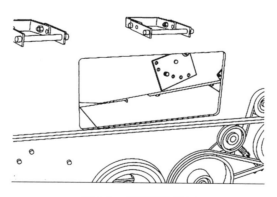

图 2-9 筛选调节手柄

项 目 总 结

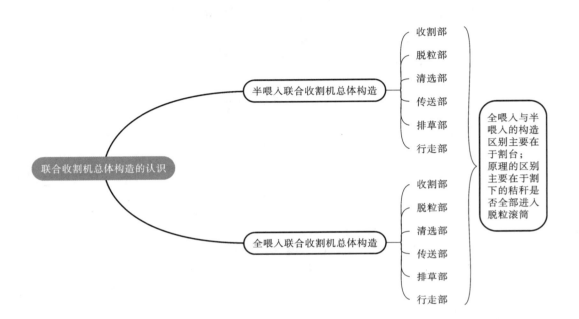

联合收割机总体构造的认识

半喂入联合收割机总体构造
- 收割部
- 脱粒部
- 清选部
- 传送部
- 排草部
- 行走部

全喂入联合收割机总体构造
- 收割部
- 脱粒部
- 清选部
- 传送部
- 排草部
- 行走部

全喂入与半喂入的构造区别主要在于割台；原理的区别主要在于割下的秸秆是否全部进入脱粒滚筒

思考与练习

1. 按照喂入方式分类，联合收割机可分为半喂入和（　　　）两种。（单选题）

A. 全喂入 　　　B. 混合喂入 　　　C. 前喂入 　　　D. 侧喂入

2. 半喂入联合收割机的割台组成部分包括（　　　）。（多选题）

A. 喂入搅龙 　　　B. 分禾器 　　　C. 扶禾链 　　　D. 割刀

3. 全喂入联合收割机的割台组成部分包括（　　　）。（多选题）

A. 喂入搅龙 　　　B. 拨禾轮 　　　C. 扶禾链 　　　D. 割刀

4. 简述半喂入联合收割机与全喂入联合收割机的优劣势。

项目 3

半喂入联合收割机割台的
常见故障诊断与排除

项目描述

2005—2019 年,15 年的时间里,参加"三夏"跨区作业的联合收获机每年规模不低于 25 万台,其中 2019 年是 27 万台,和 2007 年基本持平。在收割的过程中,用户经常反映割茬不整齐,存在拉拔现象,导致作物抛洒率高。解决这一故障,有利于降低抛洒率,提高粮食利用率,提高农户满意度。因此,掌握割台常见故障诊断与排除方法显得至关重要。

教学目标

知识目标

1. 掌握割刀的组成及工作原理。
2. 掌握割刀间隙调整的方法。
3. 掌握塞尺的使用方法。
4. 熟悉拆装工具的使用。
5. 熟悉发动机至割刀的动力传递路线。

能力目标

1. 能够正确选用工量具,并规范使用。
2. 能够根据故障现象,制订维修方案。
3. 能够快速规范排除割台常见故障。

素质目标

1. 培养学农、知农、爱农情怀,热爱农机事业。
2. 培养团队协作、沟通协作能力。

一粒种子 改变世界

"杂交水稻之父",他创造了一粒改变世界的种子。他就是著名科学家袁隆平。1953年,袁隆平毕业于西南农学院农学系。从 20 世纪 60 年代开始,袁隆平就致力于杂交水稻的研究,经过多年的不懈努力,成功培育出了"三系杂交稻"。1976 年至 1997 年间,他培育的杂交水稻种植面积累计已达 32 亿多亩,累计增产稻谷 3000 多亿公斤。之后,他又培育出比三系杂交水稻增产更多的两系品种间杂交组合,荣获中华人民共和国最高荣誉勋章共和国勋章、联合国世界知识产权组织"杰出发明家"金质奖荣誉称号,被国际同行誉为"杂交水稻之父"。

任务 1 割茬不整齐的故障诊断与排除

任务描述

一联合收割机在收割作业时,作物秸秆切断不整齐,且有秸秆被拔起的现象。本任务主要学习如何根据故障现象,利用检测工具,安全规范排除割茬不整齐的故障。

任务目标

1. 掌握塞尺、棘轮扳手、开口扳手的使用方法。

2. 掌握割刀刀片的更换方法。

3. 掌握割刀间隙的检测调整方法。

4. 掌握割刀对中的调整方法。

准备工具

半喂入联合收割机 1 台、塞尺 1 把、组合工具 1 套、钢直尺 1 把、錾子 1 把、榔头 1 把、台虎钳 1 个、铆钉若干、黄油若干、黄油枪 1 把。

知识要点

1. 割刀刀片的检查更换。

2. 割刀间隙的检测调整。

3. 割刀对中的调整。

1.1 工具的认识、使用

1. 塞尺

(1) 简介。

塞尺又称测微片或厚薄规,是由一组具有不同厚度级差的薄钢片组成的量规(见图 3-1)。塞尺用于测量间隙尺寸。在检验被测尺寸是否合格时,可由检验者根据塞尺与被测表面配合的松紧程度来判断。塞尺一般用不锈钢制造,最薄的为 0.01 mm,最厚的为 3 mm。自0.01~0.1 mm 间,各钢片厚度级差为 0.01 mm;自 0.1~1 mm 间,各钢片的厚度级差一般为 0.05 mm;自 1 mm 以上,钢片的厚度级差为 1 mm。除了公制以外,也有英制的塞尺。

图 3-1　塞尺

使用塞尺前必须先清除塞尺和工件上的污垢与灰尘。使用时可用一片或数片重叠插入间隙,以稍感拖滞为宜。测量时动作要轻,不允许硬插,也不允许测量温度较高的零件。

（2）使用方法。

① 用干净的布将塞尺测量表面擦拭干净,不能在塞尺沾有油污或金属屑末的情况下进行测量,否则将影响测量结果的准确性。

② 将塞尺插入被测间隙中,来回拉动塞尺,感到稍有阻力,说明该间隙值接近塞尺上所标出的数值;如果拉动时阻力过大或过小,则说明该间隙值小于或大于塞尺上所标出的数值。

③ 进行间隙的测量和调整时,先选择符合间隙规定的塞尺插入被测间隙中,然后一边调整,一边拉动塞尺,直到感觉稍有阻力时拧紧锁紧螺母,此时塞尺所标出的数值即为被测间隙值。

（3）使用注意事项。

① 不允许在测量过程中剧烈弯折塞尺,或用较大的力硬将塞尺插入被测间隙,否则将损坏塞尺的测量表面或零件表面的精度。

② 使用完后,应将塞尺擦拭干净,并涂上一薄层工业凡士林,然后将塞尺折回夹框内,以防锈蚀、弯曲、变形而损坏。

③ 存放时,不能将塞尺放在重物下,以免损坏塞尺。

2. 棘轮扳手

棘轮扳手属于扳手工具技术领域,用于旋转螺栓或螺母。棘轮扳手分为棘轮套筒扳手和棘轮梅花扳手,如图 3-2 和图 3-3 所示。棘轮套筒扳手需要配合相应尺寸的套筒使用。棘轮扳手的优点在于可以连续旋转,提高工作效率,尤其在狭小的空间,更能体现其优势。

图 3-2　棘轮套筒扳手

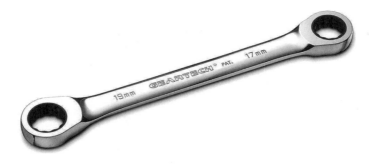

图 3-3　棘轮梅花扳手

3. 呆扳手

呆扳手又称开口扳手(或称死扳手),主要分为双头呆扳手和单头呆扳手。它的用途广泛,主要用于机械检修、设备装配、家用装修、汽车修理等。

(1)双头呆扳手。

双头呆扳手是一种通用工具,是装配机床或备件及交通运输、农用机械维修必需的手工具,如图 3-4 所示。双头呆扳手一般选用优质碳钢锻造,通过整体热处理加工而成。产品必须通过质量检验验证,避免使用过程中由于产品质量问题所造成的人身伤害。

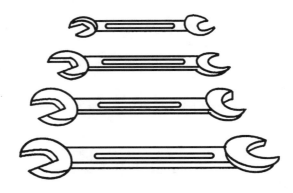

图 3-4　双头呆扳手

(2)单头呆扳手。

大型工业用单头呆扳手适用于石油、化工、冶金、发电、炼油、造船、机械等行业,是设备安装、装置及设备检修维护工作中的必备工具,如图 3-5 所示。

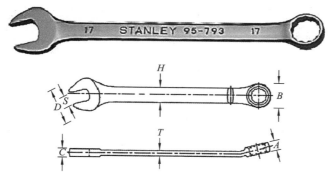

图 3-5　单头呆扳手

单头呆扳手分为公制和英制两种。公制和英制的区别在于公制以米、厘米、毫米等为计量单位,而英制以英寸、英尺等为计量单位。英制与公制之间的关系是 1 英寸 = 25.4 毫米,英制主要应用于螺纹标准方面。

单头呆扳手的制造材料一般采用 45 中碳钢或 40Cr 合金钢。单头呆扳手的制造标准参见 GB/T 4392—2019《敲击呆扳手和敲击梅花扳手》。

(3) 使用方法及注意事项。

选择开口扳手时,要根据螺栓头部的尺寸来确定合适的型号,并确保钳口的直径与螺栓头部直径相符,配合无间隙,然后才能进行操作。

使用时,先将开口扳手套住螺栓或螺母六角的两个对向面,确保扳手与螺栓完全配合后才能施力。施力时,一只手推住开口扳手与螺栓连接处,并确保扳手与螺栓完全配合后,另一只手大拇指抵住扳手,另外四指紧握扳手柄部往身边拉扳,如图 3-6 所示。当螺栓、螺母被扳到极限位置后,将扳手取出并重复前面的过程。

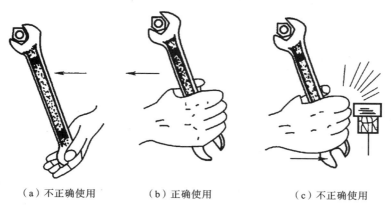

　　（a）不正确使用　　　　　（b）正确使用　　　　　（c）不正确使用

图 3-6　呆扳手的使用

使用时禁止在开口扳手上加套管(见图 3-7)或锤击,以免损坏扳手或损伤螺栓螺母。

禁止使用开口扳手拆卸大力矩螺栓,并且使用开口扳手时放置的位置不能太高或只夹住螺母头部的一小部分,否则会在紧固或拆卸过程中造成打滑,从而损坏螺栓、螺母或扳手,

图 3-7 禁止加套管

其至会造成身体受伤。

长期错误使用开口扳手会使钳口张开、磨损变圆或开裂。禁止继续使用此类扳手,否则会损坏螺栓、螺母的棱角。

禁止将开口扳手当撬棒使用,这样会损坏工具。

1.2 扶禾链的组成

扶禾链的组成如图 3-8 所示。

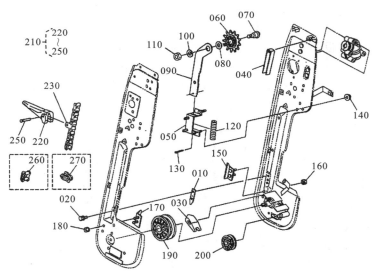

图 3-8 扶禾链的组成

010—滚轮刮板   020—螺栓   030—橡胶   040—橡胶   050—支架(L、拉拔张力)   060—链轮
070—轴   080—平垫圈   090—导承   100—弹垫圈   110—螺母   120—张紧弹簧   130—开口销
140—螺母   150—凸轮   160—螺母   170—凸轮   180—螺母   190—滚轮   200—滚轮
210—P/UP 链脚爪总成   220—爪部   230—扶起链条总成   250—带爪销   260—链条接头   270—链

1.3　扶禾链的工作原理

扶禾链由扶禾链齿轮箱带动,左右扶禾链由中间向外侧传动,作物通过扶禾爪由下向上运动,扶禾链将作物输送到茎根供给链条和穗端供给链条,如图 3-9 所示。扶禾链安装有 10 个 12.9 mm 的扶禾爪。

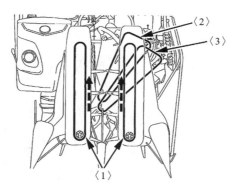

图 3-9　扶禾链的工作原理

1—扶禾链条　2—茎根供给链条　3—穗端供给链条

1.4　故障原因及排除方法

1. 割刀刀片缺损

由于割刀刀片缺损,作物秸秆切割不整齐,存在被拔起的现象。

【处理方法】

检查割刀状态(见图 3-10),将损坏的刀片拆除,更换新的刀片或更换新的割刀总成。

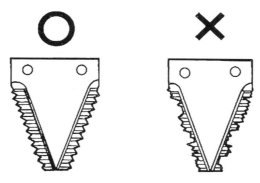

图 3-10　割刀状态的检查

2. 割刀间隙过大

由于割刀间隙过大,无法整齐地将作物秸秆切断,因此存在秸秆拉拔现象。

【处理方法】

如图 3-11 所示,将割刀的动刀片与定刀片重合后用塞尺检查动刀片与定刀片间隙。若间隙超过 0.3 mm,则需要调整;调整时松开割刀上的压刀环固定螺栓,在压刀环下面减少垫片后锁紧螺栓。割刀刀片间隙示意图如图 3-12 所示。

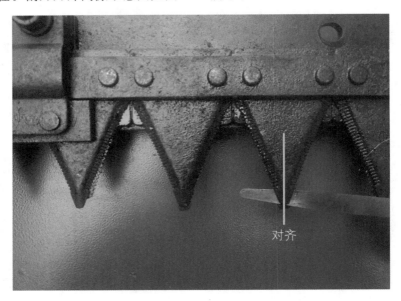

图 3-11　动刀片与定刀片间隙检查

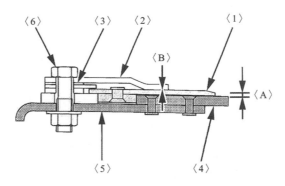

图 3-12　割刀刀片间隙示意图

1—割刀　2—压刀环　3—垫片　4—定刀　5—定刀支座　6—螺栓(2 个)

A—间隙 0~0.3 mm　B—间隙 0~0.3 mm

3. 割刀不对中

割刀运动到左极限或右极限位置时无法对中(见图 3-13),动刀片与定刀片无法重合,导致不能将秸秆整齐切断。

【处理方法】

割刀使用时间过长,动刀摆环磨损严重会导致割刀左右运动时不能重合,维修时更换新的割刀总成。

图 3-13　割刀不对中

任务 2　割台作物输送不整齐的故障诊断与排除

任务描述

一联合收割机在收割作业时,作物在输送至脱粒深浅位置时杂乱且不一致。本任务主要学习如何根据故障现象,利用检测工具,安全规范排除割台作物输送不整齐的故障。

任务目标

1. 掌握链条张紧度的调整方法。
2. 掌握穗端链条、茎根链条的拆装方法。
3. 掌握拨禾爪的更换方法。

准备工具

半喂入联合收割机 1 台、组合工具 1 套、外卡簧钳 1 把。

知识要点

1. 链条张紧度的调整。
2. 穗端链条、茎根链条的拆装。
3. 拨禾爪的更换。

2.1　故障现象

收割机在收割作业时,作物在输送至脱粒深浅位置时杂乱且不一致。

2.2 故障原因及排除方法

1. 穗端、茎根链条张紧度不够

穗端、茎根链条张紧度不够,作物输送时穗端链条与茎根链条不同步,导致作物输送不整齐。

【处理方法】

拆卸穗端链条导草盖和上端盖,检查穗端链条自动张紧弹簧是否卡滞或失效,若失效则更换同等型号弹簧;检查茎根链条张紧弹簧长度(见图 3-14),若过短则将弹簧调整到 188～192 mm。

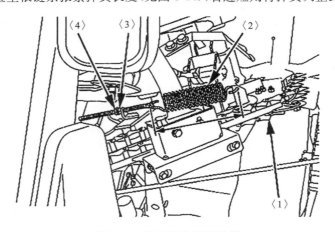

图 3-14　茎根链条调整弹簧

1—茎根链条　2—弹簧　3、4—螺母

2. 穗端链条拨禾爪损坏

穗端链条拨禾爪(见图 3-15)损坏,作物穗端无法被有效输送,导致作物输送不整齐。

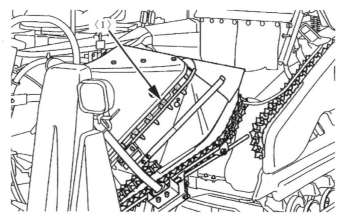

图 3-15　穗端链条拨禾爪

1—拨禾爪

【处理方法】

拆卸穗端链条上端盖,检查拨禾爪是否损坏,若损坏则更换同等型号的新拨禾爪;拨禾爪安装时应将拨禾爪销充分安装至爪内。

3. 茎根链条供给导轨变形或安装不到位

茎根链条(见图3-16)供给导轨变形或安装不到位,作物茎根无法被有效输送,导致作物输送不整齐。

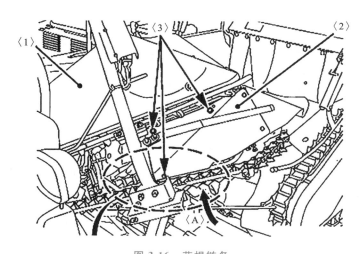

图 3-16　茎根链条

1—供给传送部　2—茎根供给盖　3—螺栓

【处理方法】

检查供给导轨是否安装在茎根链条内,调整时先松开导轨固定螺栓再对导轨位置进行调整;若变形则校正后安装。

任务 3　割台抛洒率高的故障诊断与排除

任务描述

一联合收割机在收割作业时,割台下端有较多籽粒掉落,且有籽粒撞击到驾驶室处。本任务主要学习如何根据故障现象,利用检测工具,安全规范排除割台抛洒率高的故障。

任务目标

1. 能够根据割台构造,独立分析抛洒率高的原因。

2. 掌握左右拨禾爪高低不一致的调整方法。

3. 掌握顶端拨禾爪角度调整方法。

准备工具

半喂入联合收割机1台、组合工具1套。

知识要点

1. 分析抛洒率高的原因。

2. 左右拨禾爪高低不一致的调整。

3. 顶端拨禾爪角度调整。

3.1 故障现象

收割作物时,割台下端有较多籽粒掉落,且有籽粒撞击到驾驶室处。

3.2 故障原因及排除方法

1. 作物成熟度较高,且收割速度快

作物成熟度较高,收割机在收割过程中与作物撞击,导致籽粒掉落。

【处理方法】

作物成熟率达到90%即可收割,收割时降低收割速度。

2. 扶禾链运转速度较高

扶禾链运转速度过高,导致作物籽粒受冲击、振动而掉落。

【处理方法】

将扶禾链运转速度调节手柄置于低速位置,使扶禾链处于低速运行状态,参见图3-17。

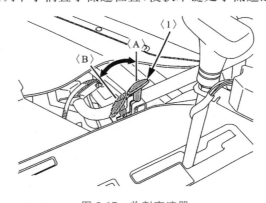

图3-17　收割变速器

1—调节手柄　A—高速　B—低速

3. 扶禾爪高度过高

扶禾爪高度调整得过高,导致扶禾爪打击籽粒,造成抛洒率过高。

【处理方法】

（1）将扶禾爪盖取下，拧松扶禾爪调整螺栓，然后将最上端的一个扶禾爪向内收（两边一致），最后锁紧调整螺栓。调整方法如表 3-1 所示。

表 3-1   扶禾爪调整方法

调节位置（调节部）		作物条件
右侧	左侧	
		直立状态的长秆作物
		直立状态的标准秆长作物
		倒伏作物
		直立状态的标准秆长作物中容易发生掉粒和浮屑的作物（熟过头的小麦）
		直立状态的短秆作物

说明：① 出厂时位于［1］的标准位置；② 要调节至［2］的位置时，请旋松螺母（2 处），在［2］的位置处将上侧的螺母顶在沟槽的上侧，在此状态下紧固下侧的螺母。

（2）分别紧固扶禾爪导件的螺母。

（3）安装扶禾爪盖后，紧固旋钮螺栓。

4. 左右扶禾爪运行不一致

左右扶禾爪运行不一致，导致扶禾爪打击穗头，造成籽粒掉落。

【处理方法】

（1）将任意一边的扶禾链盖板拆除，取下扶禾链条，调整扶禾爪位置，使左右扶禾爪高度一致后张紧扶禾链条，参见图 3-18 和图 3-19。

图 3-18   扶禾链盖板拆卸示意图

图 3-19   左右扶禾爪高度不一致

43

（2）安装扶禾链盖板。

5. 收割的作物高度过低

当收割的直立作物高度低于 60 cm 时，喂入轮无法将作物输送到茎根链条处，从而导致稻穗掉落。作物高度示意如图 3-20 所示。

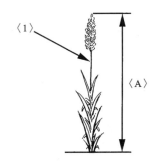

图 3-20　作物高度示意图

1—直立作物　A—作物高度 60～130 cm

【处理方法】

建议使用全喂入联合收割机。

任务 4　扶禾链条不运转的故障诊断与排除

任务描述

一联合收割机在收割作业时，割刀及喂入轮工作但扶禾链条不运转，无法进行收割。本任务主要学习如何根据故障现象，利用检测工具，安全规范排除扶禾链条不运转的故障。

任务目标

1. 能够根据扶禾链动力传递路线，独立分析扶禾链条不运转的原因。

2. 掌握扶禾链轮定位销的更换方法。

3. 掌握外卡簧钳的使用方法。

4. 掌握齿轮箱锥齿轮、传动轴承的更换方法。

准备工具

半喂入联合收割机 1 台、组合工具 1 套、卡簧钳 1 把、轴承拆装工具 1 套。

知识要点

1. 分析扶禾链条不运转的原因。

2. 扶禾链轮定位销的更换。

3. 更换扶禾链轮卡簧。

4. 更换齿轮箱锥齿轮、传动轴承。

4.1　故障现象

收割机收割时,割刀及喂入轮工作但扶禾链条不运转,无法进行收割。

4.2　故障原因及排除方法

1. 扶禾链轮定位销折断或卡簧脱落

扶禾链轮定位销折断或链轮轴卡簧脱落,导致动力无法传递给链条,造成扶禾链条不运转。

【处理方法】

拆开扶禾链盖板罩(见图 3-21),拆下扶禾链条上端盖,检查扶禾链轮定位销是否折断或链轮轴卡簧是否脱落;若链轮定位销折断则需更换新的定位销,若卡簧脱落则安装新的卡簧,参见图 3-22。注意:卡簧安装时倒角面朝下。

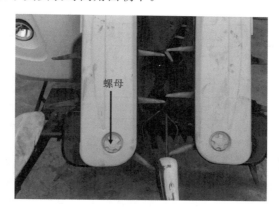

图 3-21　扶禾链盖板罩

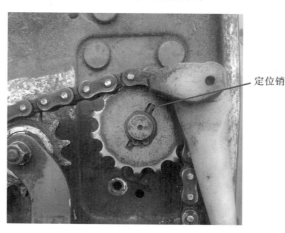

图 3-22　正确安装定位销及卡簧

2. 割刀齿轮箱内锥齿轮或轴承损坏

割刀齿轮箱中锥齿轮或轴承损坏,导致动力无法传递至扶禾链,造成扶禾链不工作。

【处理方法】

（1）拆开左侧扶禾架固定螺栓,向上抬出左侧扶禾架总成。

（2）取下左侧分草器支架总成。

（3）拆除割刀曲轴杆及第三驱动轴。

（4）取下割刀齿轮箱,检查轴承及锥齿轮组是否损坏,若损坏则更换新的轴承及齿轮。

项 目 总 结

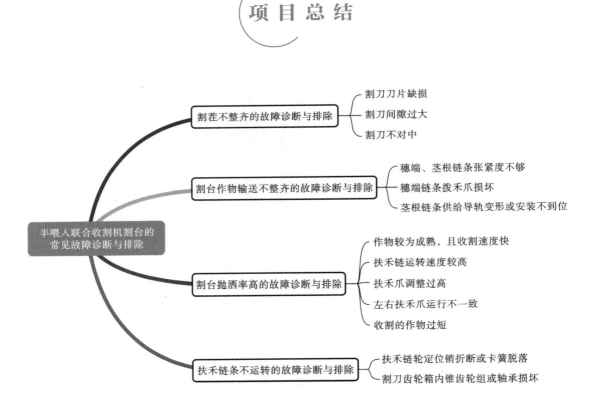

思考与练习

1. 简述半喂入割刀的组成。

2. 简述割刀间隙的检查步骤。

3. 简述割刀间隙的调整步骤。

项目 4
全喂入联合收割机割台的
常见故障诊断与排除

项目描述

　　由于半喂入联合收割机生产成本较高,全喂入联合收割机已成为市场主流。每年跨区作业超过 95％ 机型为全喂入机型。根据用户反馈,全喂入联合收割机的故障主要集中在割台部分,调整最为频繁的也在割台部分,所以掌握割台常见故障的排除方法,有利于提高作业效率,提高作业质量,提高用户收益。

教学目标

知识目标
1. 掌握全喂入联合收割机割台的组成及工作原理。
2. 掌握全喂入联合收割机割台常见故障排除方法。

能力目标
1. 能够正确选用工量具,并规范使用。
2. 能够根据故障现象,制订维修方案。
3. 能够快速规范排除割台常见故障。

素质目标
1. 培养学农、知农、爱农情怀,热爱农机事业。
2. 培养团队协作、沟通协作能力。
3. 培养一丝不苟、精益求精的工匠精神。

大国工匠——李万君

一把焊枪,一双妙手,他以柔情呵护复兴号的筋骨;千度烈焰,万次攻关,他用坚固为中国梦提速。那飞驰的列车,会记下他指尖的温度,他就是——中车长春轨道客车股份有限公司电焊工李万君。

李万君先后参与了我国几十种城铁车、动车组转向架的首件试制焊接工作,总结并制定了 30 多种转向架焊接规范及操作方法,技术攻关 150 多项,其中 27 项获得国家专利。他的"拽枪式右焊法"等 30 余项转向架焊接操作方法,累计为企业节约资金和创造价值 8000 余万元。

所获荣誉:全国劳模、全国优秀共产党员、全国五一劳动奖章、全国技术能手、中华技能大奖、2016 年度"感动中国"十大人物、吉林省特等劳模。

任务 1 割刀不良的故障诊断与排除

任务描述

一联合收割机在收割作业时,作物的割茬不整齐,出现拉拔稻株、漏割、压倒作物的现象。本任务主要学习如何根据故障现象,利用检测工具,安全规范排除割刀不良的故障。

任务目标

1. 掌握割刀刀片缺损的更换方法。

2. 掌握割刀间隙的检测调整方法。

3. 掌握护刃器的更换方法。

4. 掌握割刀对中的调整方法。

准备工具

全喂入联合收割机 1 台、塞尺 1 把、钢直尺 1 把、组合工具 1 套、錾子 1 把、榔头 1 把、铆钉若干、黄油若干、黄油枪 1 把、台虎钳 1 个、记号笔 1 支、安全帽 1 个、护目镜 1 个。

知识要点

1. 割刀刀片的检查更换。

2. 割刀间隙的检测调整。

3. 护刃器的更换及注意事项。

4. 割刀对中的调整。

1.1 全喂入联合收割机割台的组成

全喂入联合收割机割台由喂入搅龙、拨禾轮、割刀、分禾器、过桥等组成,如图 4-1 所示。

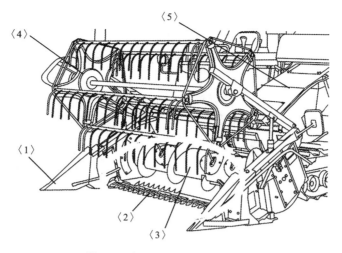

图 4-1　全喂入联合收割机割台

1—分禾器　2—割刀　3—喂入搅龙　4—拨禾轮　5—过桥

1.2　割台的工作原理

全喂入联合收割机割台的工作原理是:收割机进行收割作业时,首先由拨禾轮运转带动拨禾弹齿将未切断的作物穗端部分抓取喂入割台喂入搅龙,再由割刀将作物切断,作物向后倒下并进入喂入搅龙中,喂入搅龙通过螺旋叶片将割台中的作物汇聚到割台输送过桥入口,并由伸缩齿的运转将作物传送到过桥中,最后由过桥链耙压紧作物并将作物输送到脱粒室。

1.3　故障现象

收割机在收割作业过程中,作物的割茬不整齐,出现拉拔稻株、漏割、压倒作物的现象。

1.4　故障原因及排除方法

1. 割刀刀片缺损

割刀动刀片严重缺损,无法切断作物秸秆,从而出现割茬不整齐、拉拔稻株、漏割、压倒作物的现象。

【处理方法】

参照图 4-2,检查割刀,如割刀刀片严重缺损,请及时更换。参考步骤如下:

(1)操作割台升降操作开关,升起割台及拨禾轮后,关停发动机,将割台安全锁具置于［锁定］位置,以防止割台下降,如图 4-3 所示。

(2)戴上防切割手套,检查割刀刀片磨损状况。若刀片磨损、崩刃或缺刀,则拆除各部位压刀环,拆除割刀驱动臂,拉出割刀。

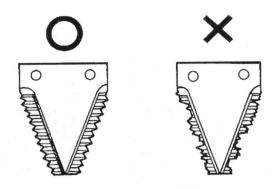

图 4-2　割刀状态的检查

图 4-3　割台操作示意图

1—割台　2—拨禾轮　3—割台安全锁具　A—上升　B—锁住

（3）检查动刀架是否平直，如变形请矫正或更换。

（4）用角磨机去除动刀铆钉，拆卸损坏的刀片。

（5）更换新刀片，并用铆钉铆接。注意：铆接时刀片与刀架间不能有间隙。

（6）安装割刀、安装各部位压刀环。

2. 割刀间隙过大

割刀间隙过大，无法切断作物秸秆，出现割茬不整齐、拉拔稻株、漏割、压倒作物的现象。

【处理方法】

检查、调整割刀间隙（参照图 4-4 和图 4-5）。确认割刀和定刀之间的间隙以及割刀和压刀环之间的间隙，若间隙过大，请进行调整。调整方法如下：

（1）松动定刀下侧的螺母。

（2）确认各割刀和压刀环的间隙，如果间隙不在 0.3～1.0 mm 范围之内，请利用垫片分别进行调整。

（3）紧固割刀下侧的螺母。

（4）调整割刀与护刃器间隙。调整后割刀底面与护刃器刃口面的前端间隙不大于 0.5 mm，后端间隙不大于 1 mm。

（5）调节后，用手左右移动割刀刀刃，确认动作顺畅。如果动作不畅，则需再次调节。

（6）向割刀加油。

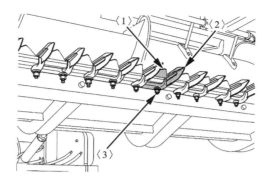

图 4-4   割刀与定刀

1—割刀   2—定刀   3—螺栓

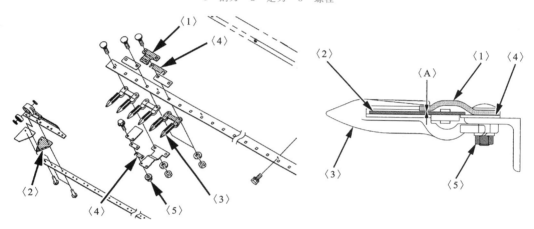

图 4-5   割刀与定刀的连接

1—压刀环   2—割刀   3—定刀   4—垫片   5—螺栓   A—间隙 0.3~1 mm

3. 护刃器损坏

割刀护刃器(定刀)损坏,导致割刀与护刃器间隙过大,无法切断作物秸秆,出现割茬不整齐、拉拔稻株、漏割、压倒作物的现象。

【处理方法】

检查、更换护刃器。如损坏,请更换护刃器,更换护刃器的步骤参考割刀间隙过大时的处理方法。注意:更换后检查护刃器与刀片间隙,若无间隙则应减少垫片,使护刃器与刀片间隙在 0~0.3 mm。

4. 割刀与护刃器不对中

割刀与护刃器不对中,将导致割刀运动至左右极限位置时,无法切断作物秸秆,出现割茬不整齐、拉拔稻株、漏割、压倒作物的现象。

【处理方法】

检查割刀对中情况,参考步骤如下:

(1) 操作割台升降操作开关,升起割台及拨禾轮后,关停发动机,将割台安全锁具置于

51

［锁定］位置，以防止割台下降。

（2）用扳手转动割刀驱动轴，使动刀片与护刃器对中，并在任意一套动刀片与护刃器上做好标记。

（3）用扳手继续转动割刀驱动轴并注意观察割刀左右运动情况，当割刀移动到左（右）极限位置后停止转动，测量割刀标记点与护刃器标记点之间的距离，若距离大于 5 mm 则应调整割刀杆，使割刀运动到左右极限位置时与护刃器重合。

任务 2　拨禾轮损失的故障诊断与排除

任务描述

一联合收割机在收割作业时，掉落籽粒均匀地分布在收割机割幅范围内。本任务主要学习如何根据故障现象，利用检测工具，安全规范排除拨禾轮损失的故障。

任务目标

1. 掌握拨禾轮高度调整方法。

2. 掌握拨禾轮转速调整方法。

3. 掌握拨禾轮前后位置调整方法。

4. 掌握拨禾轮弹齿角度调整方法。

准备工具

全喂入联合收割机 1 台、组合工具 1 套。

知识要点

1. 拨禾轮高度调整。

2. 拨禾轮转速调整。

3. 拨禾轮前后位置调整。

4. 拨禾轮弹齿角度调整。

2.1　故障现象

收割机在收割作业时，掉落籽粒均匀地分布在收割机割幅范围内。

2.2　故障原因及排除方法

1. 拨禾轮高度调整不当

由于拨禾轮高度调整不当，收割机在收割作物时，拨禾轮的扶禾爪敲击作物穗部，导致籽粒掉落，造成收割部损失。

【处理方法】

边收割边操作拨禾轮高度调节手柄进行调整,将拨禾轮高度调整至对作物穗部无冲击的位置。当弹齿轴转至最低位置时,扶禾爪击打在被收割作物秸秆的 2/3 或稍上位置。

2. 拨禾轮转速调整不当

拨禾轮转速过快,打击作物力度过大、次数过多,造成掉粒。

【处理方法】

调整拨禾轮转速,参考步骤如下:

(1) 将割台降至地面,然后关停发动机。

(2) 拆下拨禾轮侧盖。

(3) 旋松锁紧螺母和调节螺母,拆下张紧弹簧,如图 4-6 所示。

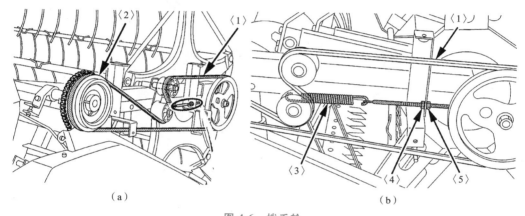

(a)　　　　　　　　　　　　　(b)

图 4-6　拨禾轮

1—拨禾轮驱动皮带　2—带轮　3—张紧弹簧　4—锁紧螺母　5—调节螺母

(4) 从带轮上取下拨禾轮驱动皮带,将它换挂在带轮的另一条轮槽上,如图 4-7 所示。

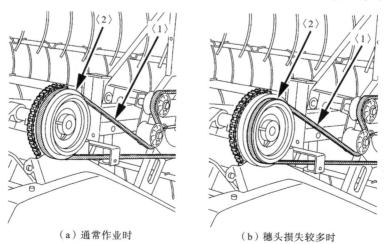

(a) 通常作业时　　　　　　　　(b) 穗头损失较多时

图 4-7　换挂拨禾轮驱动皮带

1—拨禾轮驱动皮带　2—带轮

（5）调节张紧弹簧的张力。

（6）安装拨禾轮侧盖。

3. 拨禾轮位置调整不当

拨禾轮位置偏前，弹齿打击作物次数过多，出现掉粒现象。

【处理方法】

当收割顺倒伏作物时应当将拨禾轮整体向前移动，当收割逆倒伏作物时应当将拨禾轮整体向后移动。调整方法如下：

（1）将割台降至地面后，使拨禾轮臂相对于地面呈水平状态（见图4-8），然后关停发动机。

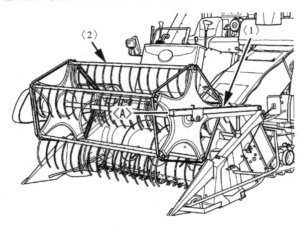

图 4-8 拨禾轮臂呈水平状态

1—拨禾轮臂 2—拨禾轮 A—水平

（2）拆下拨禾轮侧盖。

（3）松开张紧弹簧的锁紧螺母和调节螺母，然后从拨禾轮驱动带轮上拆下拨禾轮驱动皮带。

（4）分别拆下拨禾轮臂上固定拨禾轮的左右卡销和固定销，参见图4-9。

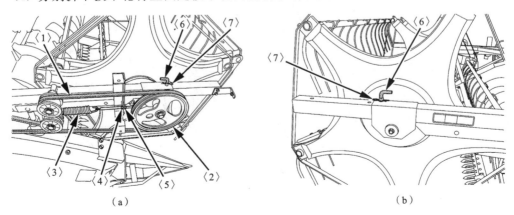

（a）   （b）

图 4-9 拨禾轮侧结构

1—拨禾轮驱动皮带 2—拨禾轮驱动带轮 3—张紧弹簧 4—锁紧螺母 5—调节螺母 6—固定销 7—卡销

（5）向前方或后方移动拨禾轮，对准拨禾轮侧与拨禾轮臂侧的孔位置，如图 4-10 所示。

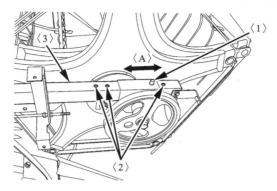

图 4-10　拨禾轮位置调整示意图

1—安装孔（拨禾轮侧）　2—安装孔（拨禾轮臂侧）　3—拨禾轮臂　A—扳动

（6）将左右固定销插入安装孔后，安装卡销。

（7）调节张紧弹簧的张力。

（8）调节后的拨禾轮位置位于后方或前方位置（非出厂位置）时，请将拨禾轮臂与左右油缸相连处的拨禾轮下降牵制金属件挂在油缸上，参见图 4-11。

（9）安装拨禾轮侧盖。

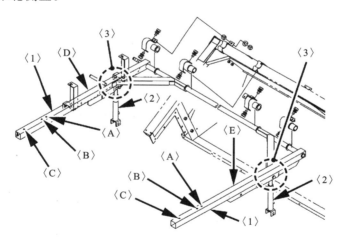

图 4-11　拨禾轮臂上各安装孔位置

1—拨禾轮臂　2—油缸　3—拨禾轮下降牵制金属件

A—安装孔（后方位置）　B—安装孔（出厂位置）　C—安装孔（前方位置）　D—左拨禾轮臂　E—右拨禾轮臂

注意事项：

如果忘记将拨禾轮下降牵制金属件挂在油缸上而下降拨禾轮，则扶禾爪可能会因接触割刀而损坏。参照图 4-12 做如下操作：

（1）拆下收起在拨禾轮臂上的拨禾轮下降牵制金属件的卡销和带头销。

（2）降下拨禾轮下降牵制金属件，将其挂在油缸上。

（3）将拆下的带头销和卡销安装到拨禾轮下降牵制金属件上。

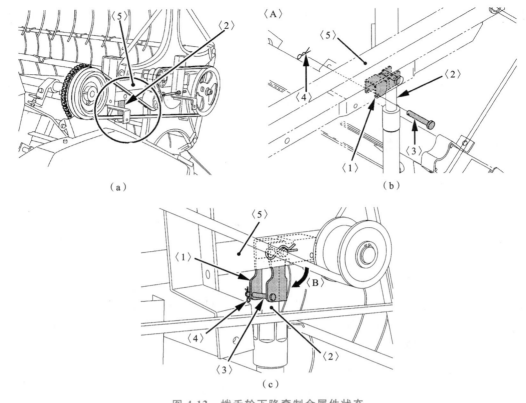

（a）

（b）

（c）

图 4-12　拨禾轮下降牵制金属件状态

1—拨禾轮下降牵制金属件　2—油缸　3—带头销　4—卡销　5—拨禾轮臂（右）

A—收起状态　B—挂住状态

4. 拨禾轮弹齿角度调整不当

拨禾轮弹齿角度调整不当，导致在收割过程中，拨禾轮弹齿敲击作物穗端，造成脱粒损失。

【处理方法】

当收割顺倒伏作物时应当将弹齿向后调整，当收割逆倒伏作物时应当将弹齿向前调整。参照图 4-13 和图 4-14，调整方法如下：

（1）将拨禾轮降至最低位置后，再将割台降至地面。

（2）关停发动机。

（3）拆下拨禾轮侧盖。

（4）旋松螺栓。

（5）边确认拨禾轮弹齿的角度，边将拨禾轮移动至合适的位置后进行调整。

注意事项：

（1）如果割下的作物缠绕在拨禾轮扶禾爪上，不能进入割台，并被抛到空中的现象过多，请再次进行调整。

（2）降下拨禾轮时，如果螺旋叶片和拨禾轮弹齿相接触，也要进行再次调整。

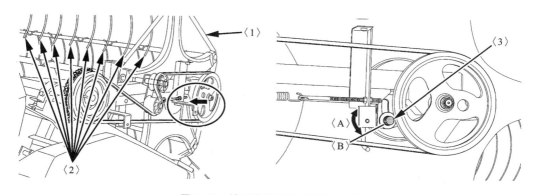

图 4-13　拔禾轮弹齿角度调整位置

1—拔禾轮　2—弹齿　3—螺栓　A—调整部位　B—出厂位置

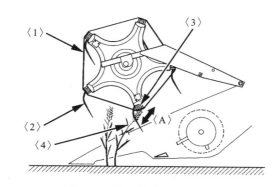

图 4-14　拔禾轮弹齿角度调整

1—拔禾轮　2—拔禾轮弹齿　3—弹齿杆　4—穗头　A—调整部位

任务 3　喂入搅龙堵塞的故障诊断与排除

任务描述

一联合收割机在收割作业时,被割下的作物堵塞在割台,无法进入过桥。本任务主要学习如何根据故障现象,利用检测工具,安全规范排除喂入搅龙堵塞的故障。

任务目标

1. 掌握搅龙叶片与底板间隙的检测调整方法。

2. 掌握伸缩齿与底板间隙的检测调整方法。

3. 掌握驱动链条张紧度的检测调整方法。

4. 能够判断作物是否符合收割要求。

准备工具

全喂入联合收割机 1 台、钢直尺 1 把、组合工具 1 套、安全帽 1 个、记号笔 1 支。

知识要点

1. 搅龙叶片与底板间隙的检测调整。
2. 伸缩齿与底板间隙的检测调整。
3. 驱动链条张紧度的检测调整。

3.1 故障现象

收割机在收割作业时,被割下的作物堵塞在喂入搅龙上,无法进入过桥。堵塞严重时,会造成喂入搅龙变形,甚至停机。

3.2 故障原因及排除方法

1. 搅龙叶片与底板间隙调整不当

搅龙叶片与底板间隙过大或者过小,都会导致作物堵塞在收割部,影响正常作业。

【处理方法】

(1) 操作割台升降操作开关,升起割台及拨禾轮后,关停发动机,将割台安全锁具置于[锁定]位置,以防止割台下降。

(2) 用钢直尺测量搅龙叶片下端与搅龙底板的最小间隙(见图 4-15)并做好标记(参考范围:6～8 mm),测量时应测量左、中、右三处,若间距超过 8 mm 则需要调整。参照图 4-16 和图 4-17,调整步骤如下:

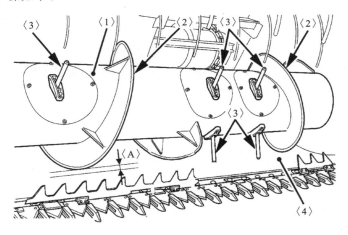

图 4-15　搅龙叶片与底板间隙测量

1—喂入搅龙　2—搅龙叶片　3—伸缩齿　4—底板　A—间隙 6～8 mm

① 旋松固定割台左、右喂入搅龙调整板的螺栓。
② 旋松左、右调节螺栓的锁紧螺母后,旋转调节螺栓调整间隙。
③ 紧固左、右调节螺栓的锁紧螺母后,再将固定左、右喂入搅龙调整板的螺栓紧固。

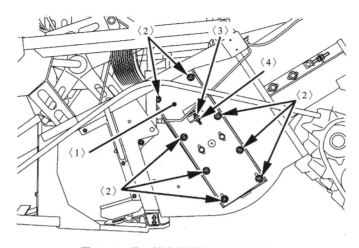

图 4-16　喂入搅龙调整部的结构(左侧)

1—喂入搅龙调整板　2—固定螺栓　3—调节螺母　4—锁紧螺母

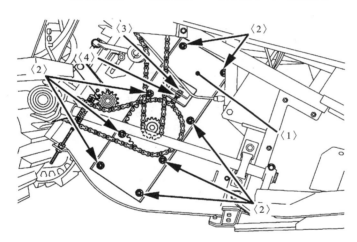

图 4-17　喂入搅龙调整部的结构(右侧)

1—喂入搅龙调整板　2—固定螺栓　3—调节螺母　4—锁紧螺母

2. 伸缩齿与搅龙底板间隙不对

伸缩齿与底板间隙过大或者过小,都会导致作物无法输送至过桥,将作物堵塞在过桥入口处。

【处理方法】

(1)检查间隙。转动割刀驱动轴观察伸缩齿运动情况,当伸缩齿下端面运动到与搅龙底板最近的位置时停止转动,用钢直尺测量伸缩齿与搅龙底板间隙(参考范围:6~8 mm),测量时做好标记点。测量间隙参见图 4-18。

(2)调整间隙。松开割台右侧伸缩齿固定螺栓,然后转动伸缩齿杆轴(见图 4-19),观察伸缩齿与搅龙底板间隙,当间隙到达规定范围内后停止转动并锁紧固定螺栓。

(3)复查间隙。再次转动伸缩齿杆轴,测量伸缩齿与搅龙底板间隙。

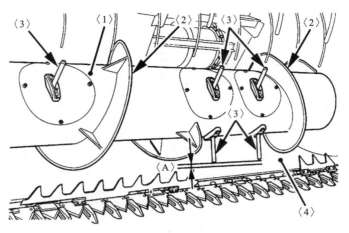

图 4-18　伸缩齿与底板间隙测量

1—喂入搅龙　2—搅龙叶片　3—伸缩齿　4—底板　A—间隙 6～8 mm

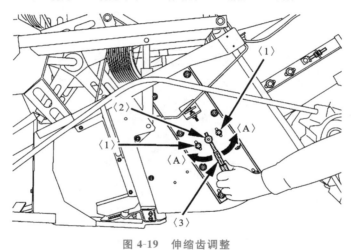

图 4-19　伸缩齿调整

1—螺栓　2—调整杆轴　3—金属棒　A—调整方向

3. 喂入搅龙驱动链条张紧度不够

随着驱动链条磨损,链条张紧度逐渐减小,最终超出张紧范围,导致链条跳齿,引起喂入搅龙堵塞。

【处理方法】

参照图 4-20 调整驱动链条张紧度,参考步骤如下:

(1) 拆下割台右侧盖。

(2) 旋松锁紧螺母和调节螺母,用调节螺母调节张紧弹簧长度,参考值为 149～152 mm。

(3) 旋紧锁紧螺母后,装上割台右侧盖。

4. 收割的作物过高

收割作物高度超过全喂入联合收割机收割作物极限高度,进入喂入搅龙的秸秆过长,导

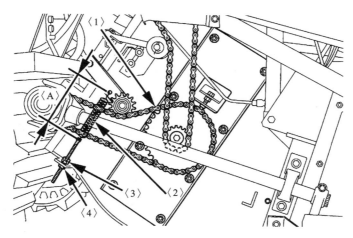

图 4-20　驱动链条张紧度调整
1—喂入搅龙驱动链条　2—张紧弹簧　3—调节螺母　4—锁紧螺母　A—参考长度 149～152 mm

致堵塞。

【处理方法】

当收割的作物高度大于 130 cm 时,容易堵塞割台,应降低收割速度逐段收割。

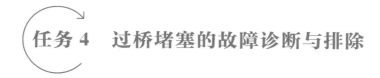

任务 4　过桥堵塞的故障诊断与排除

任务描述

一联合收割机在收割作业时,喂入搅龙的作物在通过输送过桥时堵塞在过桥内,无法进入脱粒室。本任务主要学习如何根据故障现象,利用检测工具,安全规范排除过桥堵塞的故障。

任务目标

1. 掌握过桥链耙与过桥底板间隙的检测调整方法。

2. 掌握过桥驱动皮带张紧度的检测调整方法。

准备工具

全喂入联合收割机 1 台、钢直尺 1 把、组合工具 1 套、手电筒 1 个。

知识要点

1. 过桥链耙与过桥底板间隙的检测调整。

2. 过桥驱动皮带张紧度的检测调整。

4.1　故障现象

喂入搅龙的作物在通过输送过桥时堵塞在过桥内,无法进入脱粒室。

4.2 故障原因及排除方法

1. 过桥链耙张紧度不够

随着联合收割机作业时长不断增加,过桥链耙逐渐磨损,造成张紧度不够,导致链耙与过桥底板间隙过小,引起过桥堵塞。

【处理方法】

(1)将割台降至地面,然后关停发动机。

(2)拆下过桥上的清扫口盖板,参见图4-21。

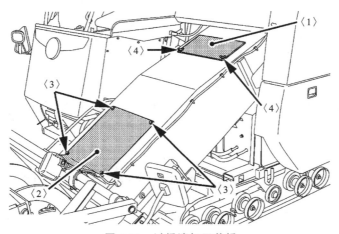

图 4-21 过桥清扫口盖板

1—过桥清扫口盖板1 2—过桥清扫口盖板2 3—螺栓 4—蝶形螺栓

(3)测量链耙下端面与过桥底板的间隙(见图4-22)。注意:检查过桥链耙下端面与底板的间隙时,两端都要检查。

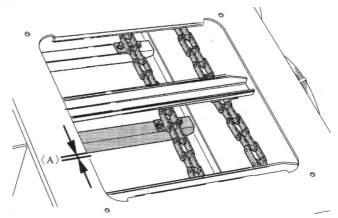

图 4-22 链耙下端面与过桥底板的间隙

A—间隙 0.5~2 mm

（4）当间隙超过规定值（参考值为 0.5～2 mm）时应调整过桥张紧度，参照图 4-23，调整方法如下：

① 旋松固定过桥张紧筒的左、右螺栓。

② 旋松固定左、右张紧螺栓的锁紧螺母和调节螺母，通过调节螺母调整间隙值。注意：左、右螺杆调整长度应一致。

③ 紧固左、右螺栓，固定过桥张紧筒。

④ 紧固左、右张紧螺栓的锁紧螺母。

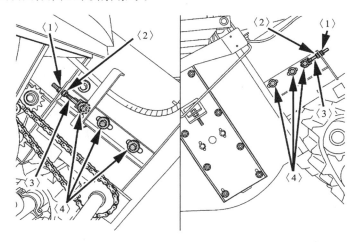

图 4-23　调整过桥张紧度

1—锁紧螺母　2—调节螺母　3—张紧螺栓　4—螺栓

2. 过桥驱动皮带故障

过桥驱动皮带严重磨损或张紧度不够，都会导致过桥链耙在工作时打滑，造成过桥堵塞，影响收割机正常收割。图 4-24 所示为收割驱动皮带张紧示意图。

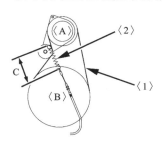

图 4-24　收割驱动皮带张紧示意图

1—收割驱动皮带　2—弹簧

A—脱粒筒驱动箱驱动皮带轮　B—供给装置驱动皮带轮　C—弹簧长度（123～127 mm）

【处理方法】

（1）打开收割机左侧护罩，检查鼓风机输出带轮至过桥驱动带轮之间的皮带是否磨损或张紧度不足。

（2）若皮带处于张紧情况下，皮带的磨损量超过 1/3 则应更换新品。

（3）若皮带张紧度不够，则应将张紧弹簧长度调整至 123～127 mm 内，若弹簧失效则更换新品。

项 目 总 结

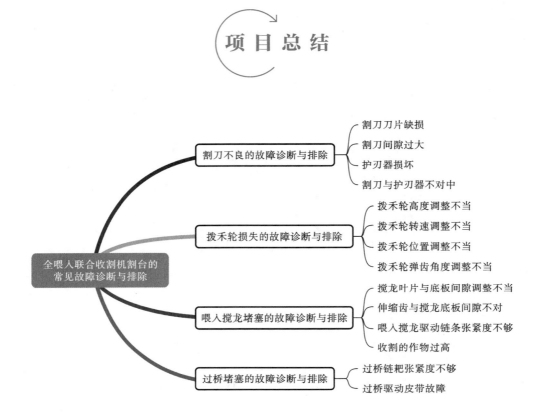

全喂入联合收割机割台的常见故障诊断与排除

- 割刀不良的故障诊断与排除
  - 割刀刀片缺损
  - 割刀间隙过大
  - 护刃器损坏
  - 割刀与护刃器不对中
- 拨禾轮损失的故障诊断与排除
  - 拨禾轮高度调整不当
  - 拨禾轮转速调整不当
  - 拨禾轮位置调整不当
  - 拨禾轮弹齿角度调整不当
- 喂入搅龙堵塞的故障诊断与排除
  - 搅龙叶片与底板间隙调整不当
  - 伸缩齿与搅龙底板间隙不对
  - 喂入搅龙驱动链条张紧度不够
  - 收割的作物过高
- 过桥堵塞的故障诊断与排除
  - 过桥链耙张紧度不够
  - 过桥驱动皮带故障

思考与练习

1. 简述调整搅龙叶片与底板的间隙的注意事项。
2. 拨禾轮转速过快将出现哪些现象？
3. 收割顺倒伏作物，拨禾轮该如何调整？
4. 简述过桥链耙与底板间隙过大的调整方法。
5. 收割较矮作物时拨禾轮该如何调整？

项目 5
脱粒部分的常见故障诊断与排除

 项目描述

脱粒部分是联合收割机的核心工作部件,负责将籽粒与秸秆分离。脱粒部分出现任何故障都会导致脱粒不净、含杂率过高、脱粒滚筒堵塞。如何根据故障现象,快速定位脱粒部分故障原因,排除脱粒部分故障,恢复工作,对于用户来说至关重要。

 教学目标

知识目标

1. 掌握脱粒类型的理论知识。

2. 掌握脱粒部分的组成及工作原理。

3. 熟悉发动机至脱粒滚筒的动力传递路线。

能力目标

1. 能够正确选用工具,并规范使用。

2. 能够根据故障现象,制订故障排除方案。

3. 能够独立规范更换脱粒齿、更换切草齿、调整脱粒齿与承网之间的间隙。

素质目标

1. 培养学农、知农、爱农情怀,热爱农机事业。

2. 培养学生甘当平凡"螺丝钉"的精神。

3. 能尊重他人观点,取长补短,敢于质疑,具有否定精神和创新意识。

螺丝钉精神

1962 年 4 月 17 日，雷锋在日记中写道："一个人的作用，对于革命事业来说，就如一架机器上的一颗螺丝钉。机器由于有许许多多的螺丝钉的连接和固定，才成了一个坚实的整体，才能够运转自如，发挥它巨大的工作能。螺丝钉虽小，其作用是不可估计的。我愿永远做一个螺丝钉。螺丝钉要经常保养和清洗，才不会生锈。人的思想也是这样，要经常检查，才不会出毛病。

我要不断地加强学习提高自己的思想觉悟，坚决听党和毛主席的话，经常开展批评与自我批评，随时清除思想上的毛病，在伟大的革命事业中做一个永不生锈的螺丝钉。"

任务 1　脱粒部堵塞的故障诊断与排除

任务描述

一联合收割机在收割作业时，脱粒滚筒被作物秸秆、籽粒堵塞，导致传动皮带打滑甚至卡死，造成脱粒滚筒无法转动、驱动皮带加速磨损。本任务主要学习如何根据故障现象，安全规范排除脱粒部堵塞的故障。

任务目标

1. 熟悉联合收割机的收割作业对作物的要求。

2. 掌握脱粒深浅的调节方法。

3. 掌握驱动皮带张紧度的检测调整方法。

4. 掌握排尘手柄的调整方法。

准备工具

联合收割机 1 台、套筒扳手组合工具 1 套、内六角扳手 1 套、手套 1 副、游标卡尺 1 把、钢直尺 1 把(200 mm)。

知识要点

1. 联合收割机收割时对作物的要求。

2. 脱粒深浅的调节。

3. 驱动皮带张紧度的检测调整。

4. 排尘手柄的调整。

1.1　脱粒的种类及工作原理

脱粒分为全喂入式和半喂入式两大类。

半喂入式脱粒机工作时，作物茎秆的尾部被夹住，仅穗头部分进入脱粒装置，功率耗用稍小,且可保持茎秆完整,较适用于水稻,也可兼用于麦类作物;但生产率受到限制,茎秆夹持要求严格,否则会造成较大损失。全喂入式脱粒机将作物全部喂入脱粒装置,脱后茎秆乱碎,功率耗用较大。

半喂入式脱粒代表机型:久保田 208、久保田 488。

全喂入式脱粒代表机型:雷沃 RG60、沃得 688Q、久保田 988Q。

1. 全喂入式脱粒机

按脱粒装置的特点,全喂入式脱粒机可分为普通滚筒式和轴流滚筒式两种。

（1）普通滚筒式脱粒机。

按机器性能的完善程度分为简式、半复式和复式三种。

简式一般只有脱粒装置,脱粒后大部分谷粒与碎稿混杂在一起,小部分与长稿混在一起,需人工清理;半复式具有脱粒、分离、清粮等部件,脱下的谷粒与稿草、颖壳等分开;复式除脱粒、分离、清粮装置外,还设有复脱、复清装置,并配备喂入、颖壳收集、稿草运集等装置。

（2）轴流滚筒式脱粒机。

轴流滚筒式脱粒机的特点是不需设置专门的分离装置便可将谷粒与茎稿几乎完全分开。作业时作物由脱粒装置的一端喂入,在脱粒间隙内做螺旋运动,脱下的谷粒同时从凹板栅格中分离出来,而茎稿由轴的另一端排出。

2. 半喂入式脱粒机

半喂入式脱粒机有简式和复式两种。

复式半喂入式脱粒机由半喂入式脱粒装置、清选风扇、排杂轮、谷粒输送装置等组成。作物由夹持机构夹持着沿滚筒轴向通过脱粒装置,在脱粒室作物穗部受弓齿的梳刷、打击而脱粒。脱后的稿草由脱粒装置一端排出机外。脱下的谷粒、颖壳、碎草混杂物通过凹板的筛孔进入清粮室,杂质借由风扇气流排出机外,谷粒则通过输送装置送至出粮口。脱粒装置后的副滚筒可将断穗复脱,并将碎草迅速排除。

3. 脱粒装置的工作原理

脱粒装置一般是利用脱粒装置产生的一定机械力,破坏谷粒与谷穗的自然结合力,使谷粒脱粒,常见的有以下几种方式。

（1）冲击脱粒。

靠脱粒元件与谷物穗头的相互冲击作用而脱粒。冲击速度越高,脱粒能力越强,但破碎率也越大。

（2）搓擦脱粒。

靠脱粒元件与谷物之间,以及谷物与谷物之间的相互摩擦进行脱粒。脱粒装置的脱粒间隙的大小至关重要。

（3）梳刷脱粒。

靠脱粒元件对谷物施加拉力来进行脱粒。

（4）碾压脱粒。

靠脱粒元件对谷物施加挤压力来进行脱粒。此时作用在谷物上的力主要是沿谷粒表面的法向力。

（5）振动脱粒。

靠脱粒元件对谷物施加高频振动来进行脱粒。

1.2　动力传递路线

发动机→鼓风机驱动带轮→脱粒滚筒齿轮箱→脱粒滚筒（中间以皮带形式传递）。

1.3　工具的认识、使用

1. 游标卡尺

（1）结构。

游标卡尺是科研和工程技术上常用的比较精确的长度测量工具。游标卡尺包括尺身、主尺、游标尺、深度尺、内测量爪、外测量爪和紧固螺钉七个部分，如图 5-1 所示。

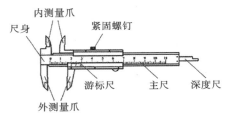

图 5-1　游标卡尺的结构

（2）读数方法。

下面介绍游标卡尺的一种快速正确的读数方法。

10 等分的游标卡尺长度为 9 毫米，20 等分的游标卡尺长度为 19 毫米，50 等分的游标卡尺长度为 49 毫米，其中的 $1/n$ 毫米就是该种游标卡尺的准确度，所以游标卡尺读数的小数部分就等于刻度线乘以该游标卡尺的精确度。

正确的游标卡尺的测量长度是主尺零刻度到游标尺零刻度之间的长度。游标卡尺的读数结果一般先以毫米为单位，然后再换算成所需要的单位。游标卡尺的读数一般不用估读。游标卡尺的读数等于主尺上的整毫米数加上游标尺上的毫米以下的小数部分。

游标卡尺的读数可分为两步：第一步读出主尺的零刻度线到游标尺的零刻度线之间的整毫米数；第二步根据游标尺上与主尺对齐的刻度线读出毫米以下的小数部分，两者相加就是待测物体的测量值。一般第一步较容易，第二步比较困难，下面着重介绍第二步的读数方法。

对于游标尺上有 10 个等份小格的，是精确到 0.1(1/10)毫米的游标尺，游标尺的刻度如图 5-2 所示。这种游标尺的第几条刻度线与主尺的某条刻度线对齐就读零点几毫米，第 0

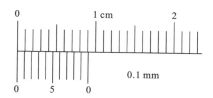

图 5-2 精确度为 0.1 mm 的游标卡尺

条、第 1 条、第 2 条、第 3 条、第 4 条、第 5 条、第 6 条、第 7 条、第 8 条、第 9 条、第 10 条,它们对应的读数分别就是:0.0、0.1、0.2、0.3、0.4、0.5、0.6、0.7、0.8、0.9、0.0（mm）。

对于游标尺上有 20 个等份小格的,是精确到 0.05(1/20)毫米的游标尺,游标尺的刻度如图 5-3 所示。游标尺上从零刻度线开始,每隔 2 小格的刻度线分别标上数字 1、2、3、4、5、6、7、8、9、0。从游标尺的零刻度线开始,各条刻度线与主尺某条刻度线对齐时,所对应的读数分别是:0.00、0.05、0.10、0.15、0.20、0.25（mm）,如此等等,直到 0.90、0.95、0.00（mm）。例如,当游标尺的第 10 条刻度线与主尺的某条刻度线对齐时,其小数部分的读数为 0.50 mm,这时刚好是标有数字 5 的刻度线与主尺的某条刻度线对齐;当游标尺标有数字 5 的刻度线右边的第 1 条刻度线与主尺的某条刻度线对齐时,游标尺的读数为 0.55 mm;当游标尺上标有数字 6 的刻度线与主尺上的某条刻度线对齐时,其小数部分的读数为 0.60 mm,注意不是 0.6 mm,因为这时精确度为 0.05 mm,以毫米为单位,小数点后面应该有两位。

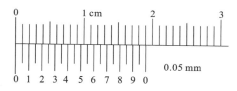

图 5-3 精确度为 0.05 mm 的游标卡尺

对于游标尺上有 50 个等份小格的,是精确到 0.02(1/50)毫米的游标尺,游标尺的刻度如图 5-4 所示。游标尺上从零刻度线开始,每隔 5 小格的刻度线分别标上数字 1、2、3、4、5、6、7、8、9、0。从游标尺的零刻度线开始,各条刻度线与主尺某条刻度线对齐时,所对应的读数分别是:0.00、0.02、0.04、0.06、0.08、0.10、0.12（mm）,如此等等,直到 0.90、0.92、0.94、0.96、0.98、0.00（mm）。例如,当游标尺的第 20 条刻度线与主尺上的某条刻度线对齐时,游标尺上的读数就是 0.40 mm,游标尺上的那条刻度线刚好就是标有数字 4 的刻度线;当游标尺上标有数字 4 的刻度线右边的第 1 条刻度线与主尺的某条刻度线对齐时,游标尺的读数为 0.42 mm,依次右边第 2 条的读数为 0.44 mm,右边第 3 条的读数为 0.46 mm,右边第 4 条的读为 0.48 mm;当游标尺上标有数字 5 的刻度线与主尺的某条刻度线对齐时,游标尺

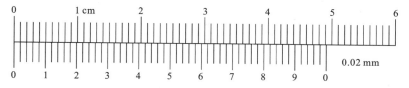

图 5-4 精确度为 0.02 mm 的游标卡尺

的读数为 0.50 mm。

由以上对常见的 3 种游标卡尺读数的分析可知,在游标卡尺上,以毫米为单位,毫米以下的小数部分的读数与直尺上的读数方法非常相似,从小到大地读,找准游标尺上与主尺对齐的刻度线,看清游标卡尺的精确度,看懂游标卡尺的类型,就可以快速正确地读出。

游标卡尺的读数举例如图 5-5 所示:因为画图存在误差,所以对齐的线以做标记的为准。

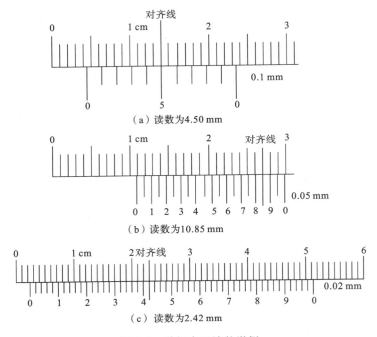

图 5-5　游标卡尺读数举例

2. 内六角扳手

内六角扳手(见图 5-6)也叫艾伦扳手,常见的英文名称有"Allen key(或 Allen wrench)"

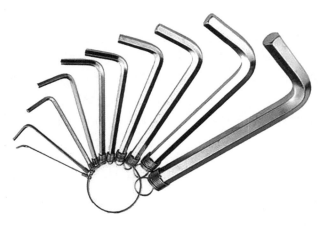

图 5-6　内六角扳手

和"Hex key(或 Hex wrench)"。它通过扭矩施加对螺钉的作用力,大大降低了使用者的用力强度,是工业制造业中不可或缺的得力工具。

(1) 历史。

说到内六角扳手的起源,必须先从内六角螺钉说起。在欧洲一些非英语国家,人们把"Allen key"叫作内六角扳手"Unbrako key",这个"Unbrako"实际上是最早的内六角螺钉品牌,由美国的 SPS 公司(Standard Pressed Steel Company)在 1911 年左右创立。SPS 公司早先从英国进口一种内四角螺钉,但是价格非常昂贵,为了节省费用,SPS 公司决定自己生产。SPS 的创始人 H. T. Hallowell 在回忆录中说道:"我们开始尝试做了些和英国一样的带方孔的螺钉,但很快发现,这种螺钉在美国不会被接受。于是我们决定在螺钉上加入六角形的孔。"Hallowell 对这段历史的解释含糊不清,但据后人推测,SPS 是为了避免内四角螺钉的专利纠纷而做出的修改。总之,SPS 公司由此开始生产这种内六角螺钉,并注册了商标"Unbrako",取自"unbreakable"的谐音,意为"牢不可破"。之后内六角螺钉逐渐取代了内四角螺钉成为新的行业标准,广泛应用于汽车、飞机、机械和家具等制造行业中。

(2) 优点。

内六角扳手能够流传至今,并成为工业制造业中不可或缺的得力工具,关键在于它本身所具有的独特之处和诸多优点:

① 简单而且轻巧。

② 内六角螺钉与扳手之间有六个接触面,受力充分且不容易损坏。

③ 可以用来拧深孔中螺钉。

④ 扳手的直径和长度决定了它的扭转力。

⑤ 可以用来拧非常小的螺钉。

⑥ 容易制造,成本低廉。

⑦ 扳手的两端都可以使用。

1.4　故障现象

脱粒滚筒被作物秸秆、籽粒堵塞,导致传动皮带打滑甚至卡死,造成脱粒滚筒无法转动、驱动皮带加速磨损。

1.5　故障原因及排除方法

1. 作物的高度、品种、潮湿度

作物的条件不满足收割的要求:

(1) 作物的高度<65 cm;

(2) 作物的品种是难脱粒品种;

(3) 作物过于潮湿(见图 5-7)。

图 5-7　过于潮湿的作物

【处理方法】

（1）对于难脱粒的品种应该放慢收割速度；

（2）对于半喂入联合收割机，作物的高度要求：65～130 cm。

2. 脱粒深浅调节不良

作物中有较高的杂草并且收割时脱粒深浅控制不当，脱粒深浅调节开关如图 5-8 所示。

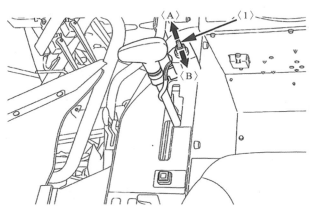

图 5-8　脱粒深浅调节开关

1—脱粒深浅调节开关　A—浅（浅脱粒）　B—深（深脱粒）

【处理方法】

收割时采用手动方式控制脱粒深浅。注意：须将收割的作物穗端对准"▲"标记送入脱粒室进行脱粒，如图 5-9 所示。

3. 驱动皮带打滑

驱动皮带张紧度不够，导致脱粒滚筒在有负荷的情况下，驱动皮带打滑，无法有效传递动力，造成脱粒滚筒堵塞。

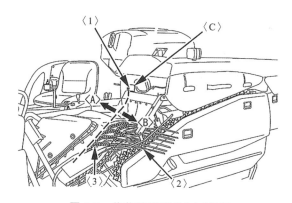

图 5-9 作物穗端对准"▲"标记

1—脱粒标准位置 2—秸秆 3—稻穗梢 C—将穗端对准"▲"标记

【处理方法】

(1) 脱粒筒箱驱动皮带的检查、调整。

将张紧弹簧的长度(见图 5-10)调整至 116～126 mm。

① 打开发动机舱盖后,拆下脱粒部右侧盖 1、2。

② 旋松锁紧螺母和调整螺母,通过调整螺母进行调整。

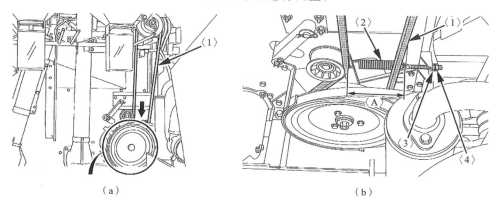

(a) (b)

图 5-10 脱粒筒箱驱动皮带

1—脱粒筒箱驱动皮带 2—张紧弹簧 3—调整螺母 4—锁紧螺母

A—张紧弹簧长度 116～126 mm

③ 紧固锁紧螺母。

④ 安装好脱粒部右侧盖 1、2 后,关闭发动机舱盖。

(2) 脱粒筒驱动皮带的检查、调整。

将张紧弹簧的长度调整至 125～135 mm,参见图 5-11,调整步骤如下。

① 拆下连接作业灯与脱粒部线束的连接器。

② 拆下螺栓,在已安装作业灯的状态下拆下金属件。

③ 拆下脱粒部前盖和左侧上盖的安装螺栓。

④ 打开脱粒筒部。

⑤ 旋松脱粒部前盖的 2 个安装螺栓,向前方拆下脱粒部前盖,如图 5-12 所示。

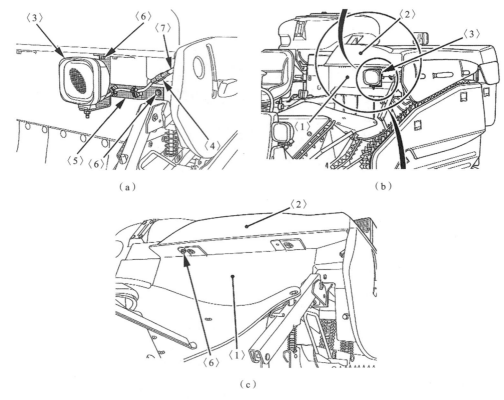

图 5-11 脱粒部覆盖件

1—脱粒部前盖　2—脱粒部左侧上盖　3—作业灯　4—连接器　5—固定金属件　6—螺栓　7—脱粒部线束

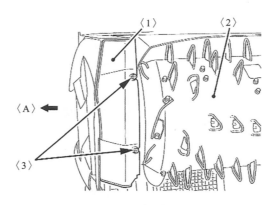

图 5-12 拆脱粒部前盖

1—脱粒部前盖　2—脱粒筒　3—螺栓　A—拆下

⑥ 旋松锁紧螺母和调整螺母,通过调整螺母调整张紧弹簧的长度,如图 5-13 所示。

⑦ 旋紧锁紧螺母后,装上脱粒部前盖。

⑧ 关闭脱粒筒部。

⑨ 装好安装有作业灯的金属件后,连接脱粒部线束与作业灯的连接器。

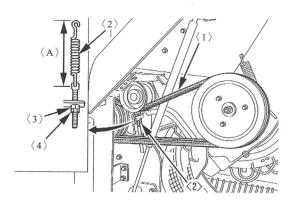

图 5-13　调整张紧弹簧的长度

1—脱粒筒驱动皮带　2—张紧弹簧　3—调整螺母　4—锁紧螺母　A—张紧弹簧长度 125～135 mm

4. 割刀磨损

割刀磨损导致作物剪不断,造成进入滚筒的作物长短不一。

【处理方法】

割刀动刀与定刀间隙标准为 0～0.5 mm(见图 5-14),当刀片的间隙过大(见图 5-15)时可以通过减少刀夹内的垫片来调整。若刀片磨损严重,请更换割刀总成。

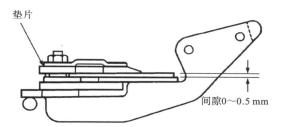

图 5-14　割刀标准间隙范围

图 5-15　割刀间隙过大

5．排尘手柄调整不当

收割难脱粒品种或未成熟作物时，排尘手柄放在了［开］位置。

【处理方法】

收割难脱粒品种或未成熟作物时，须将排尘手柄向［闭］的方向调整，参见图5-16和表5-1。

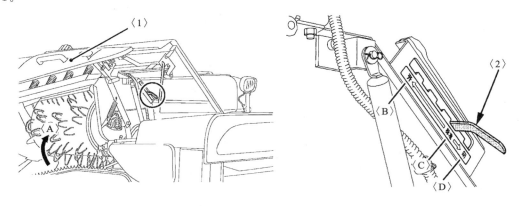

图5-16　脱粒室排尘阀调节手柄

1—脱粒筒部　2—脱粒室排尘阀调节手柄

A—打开　B—开位置　C—标准位置　D—闭位置

表5-1　脱粒室排尘阀调节手柄调节参考表

调节方向	现象（状态）
［开］ ↑ ［标准］ ↓ ［闭］	1. 发出很大的咕咚咕咚声（脱粒筒负载过大） 2. 倒伏作物或潮湿作物的收割 3. 掉壳、损伤（开裂或破碎）的谷粒较多
	1. 筛选不良 （1）芒刺、枝梗较多 （2）断穗粒较多 （3）夹杂谷粒较多 2. 排尘损耗（谷粒飞散较多）

6．驾驶员操作不当

收割速度过快或者发动机转速过低也会造成脱粒滚筒堵塞。

【处理方法】

（1）根据收割作物潮湿程度、籽粒饱满程度等实际情况，选择合适的收割速度。

（2）将发动机转速提高至2000 r/min以上，直至转速过低报警解除。

任务 2　脱粒不净的故障诊断与排除

任务描述

一联合收割机在收割作业时,用户发现脱粒后穗端部分仍然有较多籽粒。本任务主要学习如何根据故障现象,安全规范排除脱粒不净的故障。

任务目标

1. 能够独立分析脱粒不净的故障原因。

2. 掌握脱粒齿的检测更换方法。

3. 掌握脱粒承网的检测更换方法。

4. 掌握切草齿的更换方法。

准备工具

联合收割机 1 台、套筒扳手组合工具 1 套、游标卡尺 1 把。

知识要点

1. 分析脱粒不净的故障原因。

2. 脱粒齿的检测更换。

3. 脱粒承网的检测更换。

4. 切草齿的更换。

2.1　故障现象

作物经过联合收割机脱粒后,穗端部分仍然有较多的籽粒,如图 5-17 所示。

图 5-17　脱粒不净现象

2.2 故障原因及处理方法

1. 脱粒齿磨损

脱粒齿磨损(见图 5-18)超过极限,造成脱粒齿与承网间隙增大,导致脱粒不净。

图 5-18 脱粒齿磨损

【处理方法】

当脱粒齿单面厚度小于 2.5 mm 时请换向使用,两面都磨损后请更换脱粒齿。脱粒齿磨损的测量参见图 5-19。

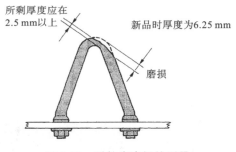

所剩厚度应在
2.5 mm 以上

新品时厚度为 6.25 mm

磨损

图 5-19 脱粒齿磨损的测量

2. 脱粒承网磨损

承网内的加强筋(见图 5-20)可以辅助作物在脱粒室进行翻转,如果加强筋磨损也会出现脱粒不净的现象。

【处理方法】

加强筋磨损(见图 5-21)后请焊接修理或更换新品。

3. 切草齿磨损

切草齿的位置见图 5-22。

图 5-20 脱粒室内的加强筋

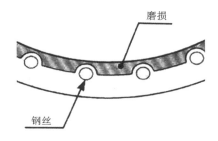

图 5-21 加强筋磨损示意图

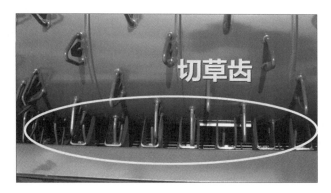

图 5-22 切草齿的位置

切草齿变钝后,不能将脱粒筒室内产生的草屑切碎,会导致草屑移动不畅。这不仅会造成不必要的动力消耗,而且送入排尘筛选室的草屑会缠绕到 2 号搅龙上或堵塞在 2 号处理筒中。

【处理方法】

检查、更换切草齿。注意:切勿赤手接触刀刃;为避免危险,请戴上手套进行拆装作业。

(1) 检查。

① 拆下脱粒部右侧盖 1、2。

② 在脱粒筒部关闭的状态下,拆下脱粒部右侧上盖的 4 个安装螺栓,参见图 5-23。

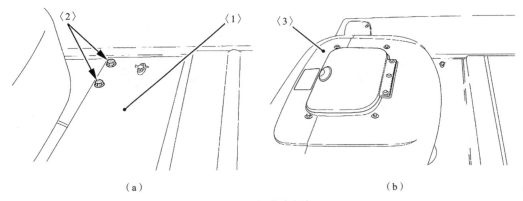

（a）　　　　　　　　　　　　　　（b）

图 5-23　切草齿拆卸

1—脱粒部顶盖　2—螺栓　3—集谷箱

③ 拆下切草齿的安装螺母，拔下切草齿，然后确认切草齿的刀刃情况（参见图 5-24）。刀刃磨损或缺损时，请予以更换。

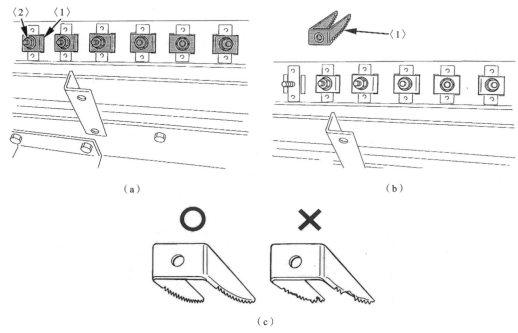

（a）　　　　　　　　　　　　　　（b）

（c）

图 5-24　切草齿的拆卸与状态检查

1—切草齿　2—螺母

④ 按照相同的要领进行各切草齿的检查或更换。

（2）更换、安装。

① 将刀刃朝向下侧，插入各切草齿。

② 将螺母安装到螺栓部。

③ 装上脱粒部右侧上盖。

④ 装上脱粒部右侧盖 1、2。

注意事项：

安装切草齿时,请注意安装方向并防止发生倾斜。

4. 分禾器撞击变形

驾驶员操作不当,造成割台的分禾器撞击变形(见图 5-25),导致作物输送混乱。

【处理方法】

请按照图 5-26 所示的尺寸进行校正。

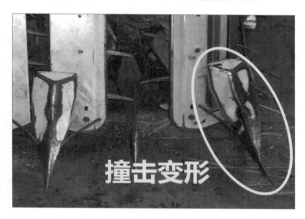

图 5-25 分禾器撞击变形

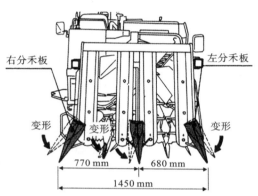

图 5-26 分禾器之间的尺寸

5. 驾驶员操作不当

收割速度过快或者发动机转速过低也会造成脱粒不净。

【处理方法】

(1) 根据收割作物潮湿程度、籽粒饱满程度等实际情况,选择合适的收割速度。

(2) 将发动机转速提高至 2000 r/min 以上,直至转速过低报警解除。

任务 3 籽粒破碎的故障诊断与排除

任务描述

一联合收割机在收割作业时,用户发现脱粒后的谷物籽粒出现外壳破裂或粉碎。本任务主要学习如何根据故障现象,安全规范排除籽粒破碎的故障。

任务目标

1. 能够独立分析籽粒破碎的故障原因。

2. 掌握排尘手柄的调整方法。

3. 熟悉联合收割机的作业要求。

准备工具

联合收割机 1 台、套筒扳手组合工具 1 套。

知识要点

1. 分析籽粒破碎的故障原因。
2. 排尘手柄的调整。
3. 联合收割机的作业要求。

3.1 故障现象

被脱粒后的谷物籽粒出现外壳破裂或粉碎现象。

3.2 故障原因及处理方法

1. 脱粒排尘手柄处于［闭］位置

谷物在脱粒室内脱粒时间过长,导致籽粒破碎率升高。

【处理方法】

将脱粒室内的排尘阀调节手柄往［开］的方向调整,参照图 5-27。

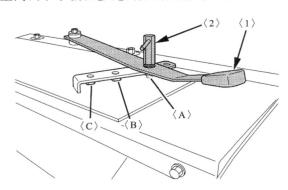

图 5-27　排尘阀调节手柄
1—排尘阀调节手柄　2—安装螺栓
A—开位置　B—标准位置　C—闭位置

2. 收割的谷物未完全成熟

未完全成熟的谷物进入脱粒室内,被高速旋转的脱粒齿撞击导致谷物破碎。

【处理方法】

收割前检查作物的成熟情况,成熟度大于 90% 后再收割。

3. 收割的作物过于潮湿

当收割的作物太过潮湿,作物的叶片与籽粒不能完全分离,脱粒后部分籽粒被包裹在叶片中,在脱粒室内被反复冲击造成籽粒破碎。

【处理方法】

收割作业前,仔细检查作物叶片背面是否有水分,待充分干燥后再进行收割。

项 目 总 结

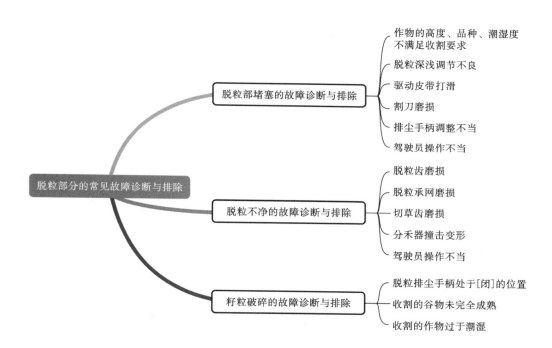

思考与练习

1. 简述联合收割机谷王 TB60 采用的脱粒方式。
2. 简述脱粒滚筒堵塞可能存在的故障原因。
3. 简述切草齿的作用和安装切草齿的注意事项。

项目 6
分离清选部分的常见故障诊断与排除

 项目描述

　　联合收割机分离清选部分主要负责将籽粒与杂草分离,降低籽粒的含杂率。主要结构由鼓风机、冲孔筛、鱼鳞筛、振动筛组成,通过风选与筛选将杂物与谷物分离。一旦分离清选部分发生故障,将导致籽粒的抛洒率、含杂率急剧上升,严重影响作业效果。因此,掌握分离清选部分的常见故障及排除方法至关重要。

 教学目标

知识目标

1. 熟悉清选部分的构造与工作原理。
2. 掌握二次清选的工作原理。
3. 熟悉发动机至振动筛、鼓风机的动力传递路线。

能力目标

1. 能够根据故障现象,制订故障排除方案。
2. 能够根据抛洒率与含杂率,调整鼓风机风量、振动筛间隙、排尘挡板高度。
3. 能够熟练更换承网与振动筛。

素质目标

1. 培养学农、知农、爱农情怀,热爱农机事业。
2. 培养团队协作、沟通协作能力。
3. 引导学生树立辩证唯物主义观点,正确认识事物的两面性。

大国工匠——夏立

技艺吹影镂尘,擦亮中华"翔龙"之目;组装妙至毫巅,铺就嫦娥奔月星途。当"天马"凝望远方,那一份份捷报,蔓延着他的幸福,他就是——中国电子科技集团公司第五十四研究所钳工夏立。

作为通信天线装配责任人,夏立先后承担了"天马"射电望远镜、远望号、索马里护航军舰、"9·3"阅兵参阅方阵上通信设施等的卫星天线预研与装配、校准任务,装配的齿轮间隙仅有0.004毫米,相当于一根头发丝的1/20粗细。在生产、组装工艺方面,夏立攻克了一个又一个难关,创造了一个又一个奇迹。

所获荣誉:全国技术能手、河北省金牌工人、河北省五一劳动奖章、2016年河北省军工大工匠。

任务1　含杂率高的故障诊断与排除

任务描述

一联合收割机在收割作业时,用户发现收获籽粒中含有较多的杂草。本任务主要学习如何根据故障现象,安全规范排除含杂率高的故障。

任务目标

1. 熟悉常见分离装置的种类。

2. 能够独立分析含杂率高的故障原因,制订维修方案。

3. 掌握振动筛开度调整方法。

4. 掌握鼓风机风量调整方法。

5. 掌握排尘手柄调整方法。

6. 熟悉收割机作业要求。

准备工具

联合收割机1台、套筒扳手组合工具1套。

知识要点

1. 分离装置的功用和种类。

2. 振动筛开度调整。

3. 鼓风机风量调整。

4. 排尘手柄的调整。

1.1　分离装置的功用和种类

分离装置位于脱粒装置之后,起到将脱粒后茎秆中夹带的谷粒分离出来的功用,并把茎秆排出机外。由于作物的茎秆量较大,因此分离装置的负荷较大,往往成为限制脱粒机和联合收割机生产能力的薄弱环节。

分离装置的要求是:谷粒夹带损失小,一般控制在 0.5%~1%;分离出来的谷粒中含杂质少,以利减轻清选的负荷;生产率高,结构简单。

按工作原理不同,分离装置可分为两大类:一类是利用抛扬原理进行分离,称为逐稿器;另一类是利用离心力原理进行分离的装置。

1.2 清选装置

经脱粒装置脱下的和经分离装置分离出来的谷物中混有断碎茎秆、颖壳和灰尘等细小杂物。清选装置的作用就是将混合物中的籽粒分离出来,将其他混合物排出机外,以得到清洁的籽粒。

清选装置的要求是:谷粒清选率高,一般不低于 90%;损失率低,一般不超过 0.5%;生产率高,结构简单,使用调整方便。

谷物的清选一般采用气流清选、筛选和综合清选等三种方式。

1. 气流清选

气流清选是利用谷粒和混合物的空气动力特征的不同来进行清选。不同物体在气流相对运动时,受到的气流作用力不同,利用这一差异,即可把它们分开。

（1）扬场机清选。

用扬场机清选时,脱出物被扬谷输送带以高速向空中抛出,其中迎风面积大、重量轻的混杂物因惯性力小,受空气阻力大,落地距离较近;而迎风面积小、重量大的谷粒则因惯性力大,受空气阻力小,落地较远,从而把谷粒和混杂物分开,如图 6-1 所示。

（2）风扇清选。

用风扇清选时,风扇产生的气流吹向垂直下落的脱出物,重量较轻的混杂物受气流作用大,被吹得较远;重量大的谷粒受气流作用较小,落得较近,从而把它们分开,如图 6-2 所示。

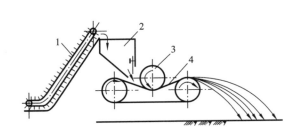

图 6-1 扬场机清洗

1—输送带 2—料斗 3—压紧轮 4—扬谷输送带

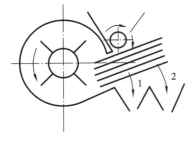

图 6-2 风扇清选

1—谷粒 2—轻杂物

（3）气吸清选。

工作时,风机产生垂直向上的吸气流,脱出物由扬谷器抛入下分离器,谷粒由于重量较大而沿筒下落,重量较轻的混杂物则被吸气流吸走,进入上分离器;由于上方容积突然增大,气流流速骤然降低,较大的混杂物下落并从排杂筒排出,小而轻的混杂物随气流继续上升,经吸气管风机排出,如图6-3所示。

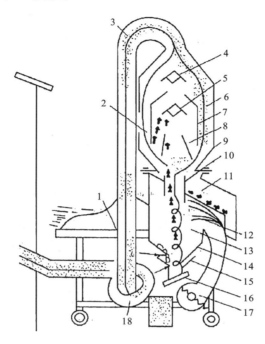

图6-3 气吸清选作示意图

1—料斗　2—监视窗　3—吸气管　4—上挡料器　5—下挡料器　6—上分离器
7—内筒　8—风料分离器　9—外筒　10—中央吸气管　11—排杂筒　12—分层板
13—下分离器　14—分离筒　15—扩散器　16—集粮盘　17—扬谷器　18—吸气风扇

2. 筛选

筛选是使谷粒混合物在筛面上运动,利用谷粒和混杂物的尺寸和形状不同,把谷粒混合物分成通过筛孔和未通过筛孔的两部分,以达到清选目的的方法。

筛选所用的主要工作部件是筛子,目前应用较多的筛子有编织筛、冲孔筛和鱼鳞筛三种形式。

(1) 编织筛。

编织筛一般用铁丝、镀锌钢丝或由其他金属编织而成,多为方孔。尺寸以 14 mm×14 mm 或 16 mm×16 mm 为多,如图6-4所示。

编织筛的气流阻力小、有效分离面积大、生产率高,谷粒的通过性能好,但孔型不准确,且不可调节,主要用于清理脱出物中较大的混杂物,在多层筛子配置中宜做上筛。

(2) 冲孔筛。

冲孔筛一般用 0.5～2.5 mm 厚的薄钢板冲制而成,常用的有长孔筛和圆孔筛两种,如图6-5所示。冲孔筛具有特定形状的筛孔,耐磨,筛孔尺寸比较准确,可以得到较清洁的谷粒,且制造简单、不易变形,但易堵塞,有效面积小,工作效率低,多用于振动筛和平面回转筛。

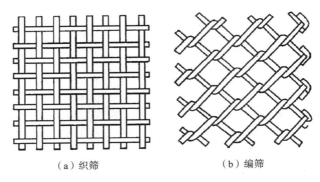

（a）织筛　　　　　　　　　（b）编筛

图 6-4　编织筛

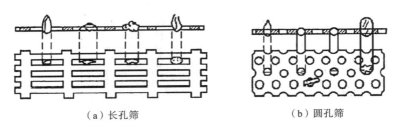

（a）长孔筛　　　　　　　　　（b）圆孔筛

图 6-5　冲孔筛

（3）鱼鳞筛。

如图 6-6 所示，鱼鳞筛多是由冲压而成的鱼鳞筛片组合而成的。筛片焊在一根带曲拐的转轴上，各轴用带孔拉板连接，通过手柄可调节其开度。鱼鳞筛筛孔尺寸精度不高，但筛孔尺寸可调，使用方便；筛面不易堵塞，生产率高，通用性好，应用较广。目前，联合收割机的振动筛采用此种筛分方式。

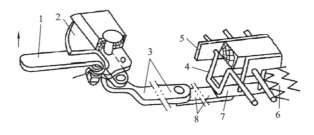

图 6-6　鱼鳞筛

1—手柄　2—齿板　3—拉杆　4—曲拐　5、7—板条　6—筛片　8—连接板

3. 综合清选

综合清选就是利用筛选和风选相配合的一种组合清选方式。风扇装在筛子前下方，清除脱出物中较轻的混杂物。筛子的作用，除将尺寸较大的混杂物分出去以外，主要是支承和抖松脱出物，并将脱出物摊成落层以利风扇的气流清选和增长清选时间。综合清选目前在复式脱粒机和联合收割机上应用广泛。

1.3   故障现象

收获籽粒中含有较多的杂草。参考值:全喂入联合收割机含杂率应小于或等于 2.5%,半喂入联合收割机含杂率应小于或等于 2.0%。

1.4   故障原因及处理方法

1. 振动筛开度过大

振动筛开度过大,导致杂草通过振动筛筛孔,与籽粒一起进入粮仓。

【处理方法】

减小振动筛开度。注意调整时不要一次调整过大,以免造成抛洒率升高。具体调整步骤如下。

(1) 拆下脱粒部左侧上盖、下盖。

(2) 拆下螺母,然后拆下 1 号水平搅龙上部左侧的清扫口盖板(见图 6-7)。

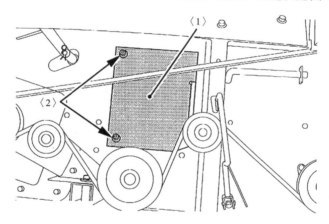

图 6-7   拆卸清扫口盖板

1—1 号水平搅龙上部左侧的清扫口盖板   2—螺母

(3) 拆下卡销。

(4) 将筛选板调节手柄向 A 方向调整,如图 6-8 所示。

说明:

① 请在脱粒机内没有谷粒的状态下调节筛选板。筛选板的间隙根据谷粒的量而自动开闭,如果想进一步提高筛选精度,请根据作物的脱粒状态进行调节。

② 如果难以将筛选板调节手柄调节向[闭]位置,请转动脱粒筒,将筛选箱向后方移动,参见图 6-9。

(5) 将卡销安装在筛选板调节手柄上。

(6) 安装 1 号水平搅龙清扫口盖板,再安装脱粒部左侧上盖、下盖。

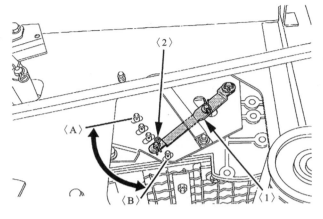

图 6-8　筛选板调节手柄
1—筛选板调节手柄　2—卡销
A—闭位置　B—开位置

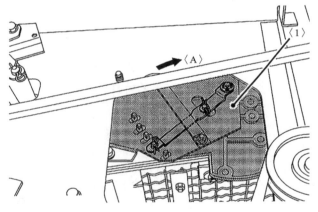

图 6-9　筛选箱移动方向示意图
1—筛选箱　A—后方

2. 鼓风机风量过小

鼓风机风量过小，无法将籽粒中的杂草排除，导致杂草随籽粒进入粮仓，引起含杂率升高。

【处理方法】

增大鼓风机风量。注意调整时不要一次调整过大，以免造成抛洒率升高。具体调整步骤如下。

（1）旋松蝶形螺母（见图 6-10）。

（2）拨动挡风板，增大进风口。

（3）拧紧蝶形螺母。

说明：部分联合收割机风量调节板位于鼓风机的两侧，调整时需要两侧同时调整，确保两侧进风口大小一致。

图 6-10　蝶形螺母位置

3. 排尘调整板过高

排尘调整板过高,杂草无法被顺畅排出,导致杂草落入籽粒中,引起含杂率升高。

【处理方法】

将排尘调整板向下调整。注意调整时不要一次调整过大,以免造成抛洒率升高。参考步骤如下。

（1）打开切刀部。

（2）旋松 3 个蝶形螺母(见图 6-11)。

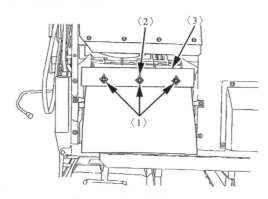

图 6-11　排尘调整板位置

1—蝶形螺母　2—U 形螺栓孔　3—排尘调整板

说明:出厂时,排尘调整板用蝶形螺母固定在 U 形螺栓孔的标准位置处。

（3）移动排尘调整板进行调整。

（4）紧固蝶形螺母,关闭切刀部。

4. 排尘手柄过闭

排尘手柄过闭,作物在脱粒室内的停留时间过长,造成短秸秆增多,并且掉入筛子上的混合物增加,导致含杂率变高。

【处理方法】

参考图 6-12 将排尘手柄向[开]位置方向调整。参考步骤如下。

（1）打开脱粒室。

（2）将排尘手柄向［开］位置方向调整。

（3）关闭脱粒室。

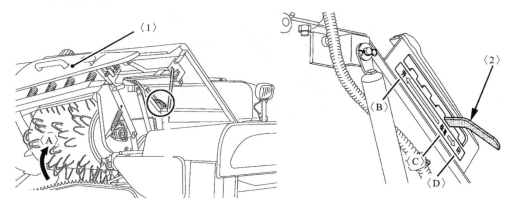

图 6-12　脱粒室排尘阀调节手柄

1—脱粒筒部　2—脱粒室排尘阀调节手柄

A—打开　B—开位置　C—标准位置　D—闭位置

5. 作物潮湿

收割时作物潮湿,籽粒被作物叶面包裹,籽粒与杂草无法快速分离,杂草与籽粒一起进入粮仓,导致含杂率上升。

【处理方法】

待作物干燥后再进行收割作业。

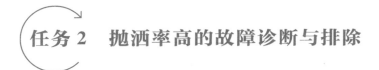

任务 2　抛洒率高的故障诊断与排除

任务描述

一联合收割机在收割作业时,用户发现排出的杂草中含有较多的籽粒。本任务主要学习如何根据故障现象,安全规范排除抛洒率高的故障。

任务目标

1. 能够独立分析抛洒率高的故障原因,制订维修方案。

2. 掌握振动筛开度调整方法。

3. 掌握鼓风机风量调整方法。

4. 掌握排尘手柄调整方法。

准备工具

联合收割机 1 台、套筒扳手组合工具 1 套。

知识要点

1. 振动筛开度调整。
2. 鼓风机风量调整。
3. 排尘手柄的调整。

2.1　故障现象

排出的杂草中含有较多的籽粒。参考值：全喂入联合收割机抛洒率应小于或等于3.5%，半喂入联合收割机抛洒率应小于或等于2.5%。

2.2　故障原因及处理方法

1. 振动筛开度过小

振动筛开度过小，导致籽粒通过振动筛筛孔的流量过小，籽粒与杂草一起排出，引起抛洒率升高。

【处理方法】

增大振动筛开度。注意调整时不要一次调整过大，以免造成含杂率升高。参考步骤如下。

（1）拆下脱粒部左侧上盖、下盖。

（2）拆下螺母，然后拆下1号水平搅龙上部左侧的清扫口盖板（参见任务1中图6-7）。

（3）拆下卡销。

（4）将筛选板调节手柄向B方向调整（参见任务1中图6-8）。

说明：

① 请在脱粒机内没有谷粒的状态下调节筛选板。筛选板的间隙根据谷粒的量而自动开闭，如果想进一步提高筛选精度，请根据作物的脱粒状态进行调节。

② 如果难以将筛选板调节手柄调节向［开］位置，请转动脱粒筒，将筛选箱向后方移动，参见图6-9。

（5）将卡销安装在筛选板调节手柄上。

（6）安装1号水平搅龙清扫口盖板，再安装脱粒部左侧上盖、下盖。

2. 鼓风机风量过大

鼓风机风量过大，将籽粒吹出，引起抛洒率升高。

【处理方法】

减小鼓风机风量。注意调整时不要一次调整过大，以免造成含杂率升高。具体调整步骤如下。

（1）旋松蝶形螺母（位置参见任务1中图6-10）。

（2）拨动挡风板，减小进风口。

（3）拧紧蝶形螺母。

说明：部分联合收割机风量调节板位于鼓风机的两侧，调整时需要两侧同时调整，确保两侧进风口大小一致。

3. 排尘调整板过低

排尘调整板过低，籽粒与杂草一起排出，引起抛洒率升高。

【处理方法】

将排尘调整板向上调整。注意调整时不要一次调整过大，以免造成含杂率升高。参考步骤如下。

（1）打开切刀部。

（2）旋松 3 个蝶形螺母。

说明：出厂时，排尘调整板用蝶形螺母固定在 U 形螺栓孔的标准位置处。

（3）移动排尘调整板进行调整。

（4）紧固蝶形螺母，关闭切刀部。

项 目 总 结

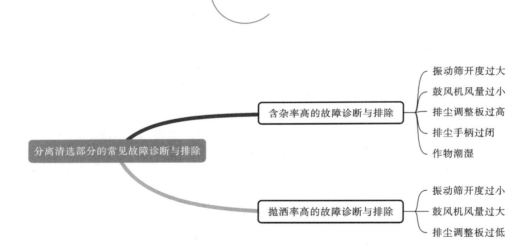

思考与练习

1. 简述联合收割机常用的清选装置。

2. 简述联合收割机"含杂率高"的故障排除方法。

3. 简述联合收割机"抛洒率高"的故障排除方法。

4. 写出发动机至振动筛的动力传递路线。

项目 7
输送部分的常见故障诊断与排除

项目描述

联合收割机输送部分的主要作用是将脱粒清选后的籽粒输送至集谷箱,将杂草输送至排草部。主要结构由水平搅龙、竖直搅龙以及输送链条组成。一旦输送部分发生故障,将导致搅龙堵塞,籽粒无法有效输送至集谷箱,破碎率增加;杂草无法传送至排草部。因此,快速有效地排除输送部分的常见故障至关重要。

教学目标

知识目标

1. 掌握常见输送器的类型。
2. 掌握搅龙的工作原理。
3. 熟悉发动机至1号搅龙、2号搅龙的动力传递路线。

能力目标

1. 能够根据故障现象,制订故障排除方案。
2. 能够快速规范调整搅龙驱动皮带的张紧度。
3. 能够排除水平搅龙、竖直搅龙堵塞故障。
4. 能够规范拆装水平搅龙与竖直搅龙。

素质目标

1. 培养学农、知农、爱农情怀,热爱农机事业。
2. 培养团队协作、沟通协作能力。
3. 培养学生脚踏实地、知行合一、攻坚克难的做事风格。

凿壁借光——匡衡

西汉时期,有个农民的孩子,叫匡衡。他小时候很想读书,可是因为家里穷,没钱上学。后来,他跟一个亲戚学认字,才有了看书的能力。

匡衡买不起书,只好借书来读。那个时候,书是非常贵重的,有书的人不肯轻易借给别人。匡衡就在农忙的时节,给有钱的人家打短工,不要工钱,只求人家借书给他看。

过了几年,匡衡长大了,成了家里的主要劳动力。他一天到晚在地里干活,只有中午歇晌的时候,才有工夫看一点书,所以一卷书常常要十天半月才能够读完。匡衡很着急,心里想:白天种庄稼,没有时间看书,我可以多利用一些晚上的时间来看书。可是匡衡家里很穷,买不起点灯的油,怎么办呢?

有一天晚上,匡衡躺在床上背白天读过的书,背着背着,突然看到东边的墙壁上透过来一线亮光。他霍地站起来,走到墙壁边一看,啊!原来从壁缝里透过来的是邻居的灯光。于是,匡衡想了一个办法:他拿了一把小刀,把墙缝挖大了一些。这样,透过来的光亮也大了,他就凑着透进来的灯光,读起书来。

任务 1　输送搅龙堵塞的故障诊断与排除

任务描述

一联合收割机在收割作业时,水平搅龙或竖直搅龙堵塞,籽粒无法顺利运送至粮仓。本任务主要学习如何根据故障现象,安全规范排除输送搅龙堵塞的故障。

任务目标

1. 熟悉常见输送器的种类。

2. 能够独立分析输送搅龙堵塞的故障原因,制订维修方案。

3. 掌握驱动皮带张紧度的调整方法。

4. 掌握输送搅龙叶片的检测更换方法。

5. 掌握搅龙堵塞的排除方法。

准备工具

联合收割机 1 台、套筒扳手组合工具 1 套、钢片尺 1 把。

知识要点

1. 常见输送器的种类。

2. 驱动皮带张紧度的调整。

3. 输送搅龙叶片的检测更换。

4. 搅龙堵塞的排除。

1.1 概述

输送器和升运器统称为输送装置,在收获机械上,要用各种输送器和升运器将割下的作物、脱下的谷粒、脱后的茎秆和杂余等不同物料运往各工作部件,以完成整机的各项工作流程。

对输送装置的要求是结构简单、工作可靠、功率消耗小、不损伤输送物料、结构紧凑。在设计时应使输送装置与各工作部件或输送器之间的输送能力(通过量或生产率)能相互衔接,不致堵塞而影响整机的正常工作。

目前收割机械上广泛应用的输送装置主要有螺旋式、刮板式、斗式和抛扔式(又称扬谷器)四种。

1.2 螺旋升运器

螺旋升运器又叫搅龙,它由焊接在轴上的螺旋叶片及外壳组成,如图 7-1 所示。从一端喂入的物料随着螺旋叶片的旋转,被推送至另一端。改变螺旋叶片的旋向或轴的转向,物料可实现不同方向输送。

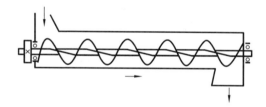

图 7-1 螺旋升运器

螺旋升运器结构简单,工作可靠,能进行水平、倾斜和垂直方向的物料输送。它既可以输送细小物料(如谷粒、杂余),也可以输送茎秆(如在全喂入联合收割机的割台上),适应性较广。但输送时易使物料破碎,消耗功率相比其他输送装置稍高。

1.3 刮板式输送器

刮板式输送器主要用于运送谷粒、杂余和果穗,它能将物料沿倾斜或接近垂直的方向升运,故一般也叫刮板升运器。

刮板式输送器是在带双翼的套筒滚子链上安装橡胶(或木质的、钢板制的)刮板、外壳以及中间隔板等构成的,如图 7-2 所示。输送器链条由可锻铸铁铸造的钩式链节,或冲压的钩式链节,以及可锻铸铁刮板(与可锻铸铁链节铸成一体等)构成。

输送时物料从下端喂入(一般配合螺旋式输送器使用),由

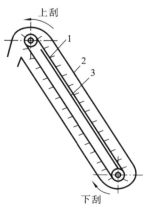

图 7-2 刮板式输送器示意图
1—刮板 2—外壳 3—隔板

回转的刮板将物料刮送升运,到外壳上端经排料口卸出。根据输送物料方向的不同,可分为上刮式和下刮式两种。上刮式,物料由刮板经过中间隔板的上方刮送出去,因为在出口处物料由上向下倾倒,所以卸粮较干净,但容易在链条和链轮处夹碎物料,一般仅在垂直升运时应用;下刮式,物料由刮板经过下面的外壳刮运,从外壳的上端送出,因此根据其升运速度必须在出口处配合一定的开口长度,否则容易将物料带回,造成卸粮不净。下刮式一般在倾斜升运时使用,也是目前应用较多的一种形式。

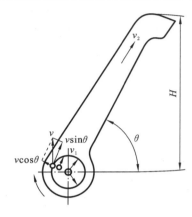

图 7-3　抛扔式输送器示意图

1.4　抛扔式输送器

抛扔式输送器又名扬谷器,由扬谷轮、传动轴和输送管道等组成,通常装在螺旋输送器的出口端的轴上。工作时利用叶轮的高速回转来抛扔物料,同时,叶片产生的气流也能起一定的排除轻杂物的作用。为减少输送时的能量损失,扬谷器的管道应沿叶片切向配置(见图 7-3),并接近垂直或稍有倾斜(与水平方向的夹角不小于 60°),最好采用等截面的圆形管与方形管(出口处)相结合。管道出口处转角做成圆弧。为了提高升运效率,一般在扬谷器壳体的端盖上开进气孔。

1.5　故障现象

水平搅龙或竖直搅龙堵塞,籽粒无法顺利运送至粮仓,甚至发动机被憋熄火。

1.6　故障原因及处理方法

1. 搅龙驱动皮带打滑

驱动皮带张紧度不够,导致搅龙驱动皮带打滑,无法有效传递动力,引起搅龙运转无力,造成搅龙堵塞。

【处理方法】

调整搅龙驱动皮带张紧度至标准范围。若张紧至极限后仍无法有效传递动力,则更换驱动皮带。参考步骤如下(参照图 7-4)。

(1)拆下脱粒部左侧上盖、下盖。

(2)旋松锁紧螺母和调节螺母,通过调节螺母进行调整。

(3)拧紧锁紧螺母后,装上脱粒部左侧上、下盖。

2. 作物潮湿或异物进入搅龙

作物过于潮湿,导致搅龙输送籽粒摩擦力增大,造成搅龙堵塞;收割机在收割过程中,有

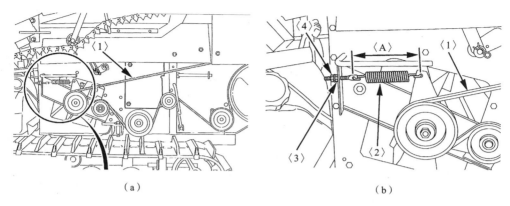

图 7-4   搅龙驱动部结构示意图

1—1 号搅龙、2 号搅龙、振动筛、输送链条驱动皮带   2—张紧弹簧   3—调节螺母   4—锁紧螺母

A—张紧弹簧长度 119～129 mm

土块或其他异物进入搅龙,导致搅龙堵塞。

【处理方法】

拆下垂直、水平搅龙清扫口盖板进行清扫,参见图 7-5。清扫结束后,请将清扫口盖板装回原处。

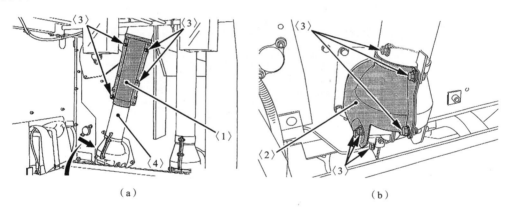

图 7-5   搅龙清扫口盖板

1—2 号垂直搅龙清扫口盖板   2—2 号水平搅龙清扫口盖板   3—螺栓   4—2 号垂直搅龙箱

3. 搅龙叶片严重磨损

在使用过程中,搅龙叶片过度磨损,超过极限范围,造成搅龙叶片与搅龙壳体间隙过大,籽粒无法有效输送,进而导致搅龙堵塞。

【处理方法】

更换搅龙,参考步骤如下。

(1)更换 1 号水平搅龙。

① 旋松驱动皮带张紧弹簧锁紧螺母(见图 7-6)。

② 松开驱动皮带。

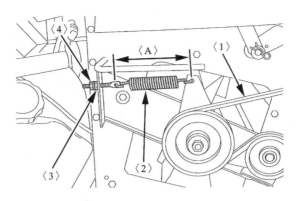

图 7-6 张紧弹簧锁紧螺母

1—驱动皮带 2—张紧弹簧 3—调整螺母 4—锁紧螺母 A—长度 119～129 mm

③ 拆卸 1 号水平搅龙轴承座固定螺栓(见图 7-7),拆卸皮带轮。

图 7-7 1 号水平搅龙轴承座固定螺栓

④ 从收割机右侧拉出 1 号水平搅龙。

⑤ 更换搅龙,按照相反步骤安装 1 号水平搅龙,在安装时请参照图 7-8,确保各零部件安装到位。

⑥ 请在装配完成后试运行,确认工作正常。

(2)更换 2 号水平搅龙。

① 旋松驱动皮带张紧弹簧锁紧螺母(见图 7-9)。

② 松开驱动皮带。

③ 拆卸 2 号水平搅龙驱动皮带轮(见图 7-10)。

④ 拆卸 2 号水平搅龙轴承座固定螺栓。

⑤ 拆卸右侧水平搅龙检查口及轴承座。

⑥ 向收割机右侧拉出 2 号水平搅龙。

⑦ 更换搅龙,按照相反步骤安装 2 号水平搅龙,在安装时请参照图 7-11,确保各零部件安装到位。

⑧ 请在装配完成后试运行,确认工作正常。

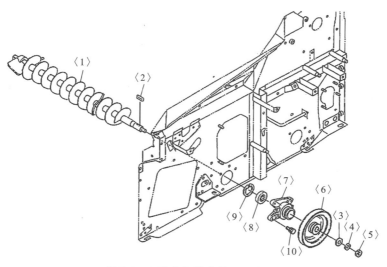

图 7-8　1 号水平搅龙装配示意图

1—搅龙轴　2—滑键　3—平垫圈　4—弹垫圈　5—螺母　6—V 形皮带轮

7—轴承支架　8—滚珠轴承　9—内卡环　10—螺栓

图 7-9　张紧弹簧锁紧螺母

图 7-10　2 号水平搅龙驱动皮带轮

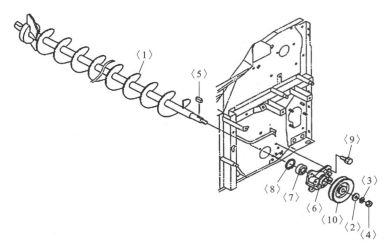

图 7-11　2 号水平搅龙装配示意图

1—搅龙轴　2—平垫圈　3—弹垫圈　4—螺母

5—滑键　6—轴承支架　7—滚珠轴承　8—内卡环　9—螺栓　10—V 形滚轮

（3）更换垂直搅龙。

① 拆卸集谷箱外侧固定螺栓，参见图 7-12 中螺栓 1～4。

图 7-12　集谷箱外侧固定螺栓

② 拆卸集谷箱防尘网螺栓，参见图 7-13 中螺栓 1～4。

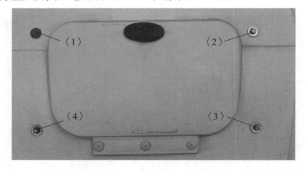

图 7-13　集谷箱防尘网螺栓

③ 拆卸集谷箱内侧固定螺栓，参见图 7-14 中螺栓 1～4。

④ 向上拔出集谷箱。

图 7-14　集谷箱内侧固定螺栓

⑤ 拆卸搅龙箱固定螺栓,参见图 7-15。

⑥ 向上拔出搅龙箱和搅龙。

⑦ 更换搅龙,按照相反步骤安装垂直搅龙,在安装时请参照图 7-16,确保各零部件安装到位。

⑧ 请在装配完成后试运行,确认工作正常。

图 7-15　搅龙箱固定螺栓

续图 7-15

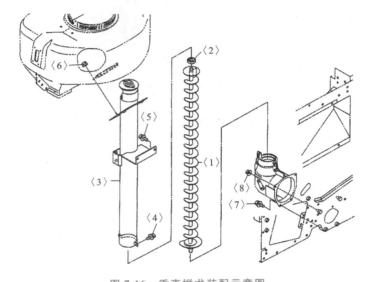

图 7-16　垂直搅龙装配示意图

1—轴　2—滚珠轴承　3—搅龙箱　4、5、7—螺栓　6、8—螺母

任务 2　输送链条堵塞的故障诊断与排除

任务描述

一联合收割机在收割作业时,输送链条无法有效传送秸秆,导致秸秆堵塞输送链条。本任务主要学习如何根据故障现象,安全规范排除输送链条堵塞的故障。

任务目标

1. 能够独立分析输送链条堵塞的故障原因,制订维修方案。

2. 掌握输送链条张紧度的调整方法。

准备工具

联合收割机 1 台、套筒扳手组合工具 1 套、钢直尺 1 把。

知识要点

输送链条张紧度的调整。

2.1   故障现象

输送链条无法有效传送秸秆,导致秸秆堵塞输送链条。说明:本故障主要针对半喂入联合收割机。

2.2   故障原因与处理方法

链条张紧度不够

链条张紧度不够,在输送秸秆时由于负荷增加,链条打滑,无法有效输送秸秆,导致链条堵塞。

【处理方法】

(1) 拆下脱粒部左侧上盖。

(2) 旋松锁紧螺母和调节螺母,通过调节螺母调整链条张紧度,参见图 7-17。

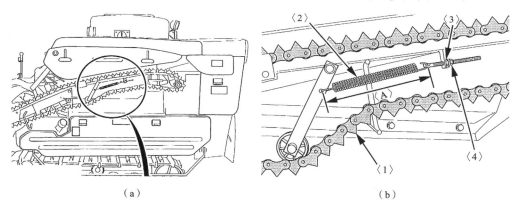

（a）   （b）

图 7-17   链条张紧度调整

1—输送链条   2—张紧弹簧   3—调节螺母   4—锁紧螺母

A—长度 197～213 mm

(3) 拧紧锁紧螺母后,装上脱粒部左侧上盖。

任务 3   卸粮驱动箱运转的故障诊断与排除

任务描述

一联合收割机在收割作业时,卸粮驱动箱不运转,导致籽粒无法从卸粮搅龙排出。本任务主要学习如何根据故障现象,安全规范排除卸粮驱动箱运转的故障。

任务目标

1. 能够独立分析卸粮驱动箱运转故障的原因,制订维修方案。
2. 掌握卸粮驱动箱皮带的检测与更换方法。
3. 掌握卸粮离合器张紧弹簧的检查与调整方法。

准备工具

联合收割机 1 台、套筒扳手组合工具 1 套、钢片尺 1 把。

知识要点

1. 卸粮驱动箱皮带的检测与更换。
2. 卸粮离合器张紧弹簧的检查与调整。

3.1　故障现象

卸粮驱动箱不运转,导致籽粒无法从卸粮搅龙排出。说明:本故障主要针对全喂入联合收割机。

3.2　故障原因与处理方法

1. 卸粮驱动箱皮带掉落

卸粮结束时分离卸粮离合器的速度过快或皮带限位卡间隙过大,导致皮带弹出皮带轮。

【处理方法】

检查卸粮驱动箱皮带是否掉落,若掉落则及时安装到皮带轮上,并将皮带限位卡间隙调整到规定范围。

2. 卸粮离合器张紧弹簧过长或失效

卸粮离合器张紧弹簧过长或失效,导致卸粮离合器处于［合］位置时依然无法驱动卸粮箱。

【处理方法】

检查离合器张紧弹簧是否过长,若有变长则将弹簧往下方的挂接孔调整,若失效则更换新品。

3. 驱动皮带严重磨损

驱动皮带严重磨损,导致卸粮离合器处于［合］位置时皮带无法张紧,卸粮驱动箱依然不运转。

【处理方法】

将卸粮离合器手柄置于［合］位置后,检查驱动皮带磨损情况,当皮带上端面陷于皮带轮 1/3 位置时需要更换新品。

项 目 总 结

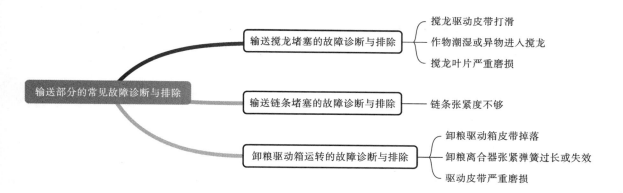

		搅龙驱动皮带打滑
输送部分的常见故障诊断与排除	输送搅龙堵塞的故障诊断与排除	作物潮湿或异物进入搅龙
		搅龙叶片严重磨损
	输送链条堵塞的故障诊断与排除	链条张紧度不够
		卸粮驱动箱皮带掉落
	卸粮驱动箱运转的故障诊断与排除	卸粮离合器张紧弹簧过长或失效
		驱动皮带严重磨损

思考与练习

1. 写出发动机至 1 号水平搅龙的动力传递路线。
2. 写出发动机至 2 号垂直搅龙的动力传递路线。
3. 简述 1 号水平搅龙堵塞可能存在的原因。
4. 简述 2 号垂直搅龙堵塞的故障排除方法。
5. 列举联合收割机常用的输送装置类型。

项目 8
排草部分的常见故障诊断与排除

 项目描述

联合收割机排草部分的主要作用是将脱粒清选后的秸秆输送至秸秆粉碎装置或机体外。主要结构由排草茎根链条和排草穗端链条组成。一旦排草部分发生故障,将导致秸秆无法输送至粉碎装置或机体外,堵塞排草部,造成联合收割机无法正常工作。因此,快速有效地排除排草部分的常见故障至关重要。

 教学目标

知识目标
1. 掌握发动机至排草链条、切刀的动力传递路线。
2. 掌握排草齿轮箱及铡草器的构造与工作原理。
3. 掌握切刀刀片与齿轮转子的搭接量的调整方法。
4. 掌握排草链条与切刀驱动皮带的调整方法。

能力目标
1. 能够根据故障现象,制订故障排除方案。
2. 能够独立规范拆装排草链条、更换排草拨指。
3. 能够独立规范拆装排草齿轮箱及铡草器。
4. 能力独立规范调整排草链条与切刀驱动皮带。
5. 能够规范调整切刀刀片与齿轮转子的搭接量。

素质目标
1. 培养学农、知农、爱农情怀,热爱农机事业。
2. 培养团队协作、沟通协作能力。
3. 培养学生助力乡村振兴的责任感和使命感。

大国工匠——朱恒银

从地表向地心,他让探宝"银针"不断挺进。一腔热血,融进千米厚土;一缕微光,射穿岩层深处。他让钻头行走的深度,矗立为行业的高度,他就是——安徽省地质矿产勘查局313地质队教授级高级工程师朱恒银。

朱恒银从一名钻探工人成长为全国知名的钻探专家和安徽省学术和技术带头人。他将我国小口径岩心钻探地质找矿深度从1000米以浅推进至3000米以深的国际先进水平,成为我国深部岩心钻探的领跑者,产生了数千亿元的经济效益以及巨大的社会效益。

所获荣誉:国家科技进步奖二等奖、全国劳动模范、全国优秀科技工作者、李四光地质科学奖。

任务   排草堵塞的故障诊断与排除

任务描述

一联合收割机在收割作业时,收割机排草部分堵塞,无法将秸秆排出机外,排草报警器报警。本任务主要学习如何根据故障现象,安全规范排除排草堵塞的故障。

任务目标

1. 熟悉排草链条的动力传递路线。

2. 能够独立分析排草堵塞的故障原因,制订维修方案。

3. 掌握链条张紧度的检测与调整方法。

4. 掌握安全销的更换方法。

5. 掌握切刀刀片的检查与更换方法。

准备工具

联合收割机1台、套筒扳手组合工具1套、扭力扳手1套、卡簧钳(外)1把。

知识要点

1. 排草链条的动力传递路线。

2. 链条张紧度的检测与调整。

3. 安全销的更换。

4. 切刀刀片的检查与更换。

1.1   故障现象

收割机排草部分堵塞,无法将秸秆排出机外,排草报警器报警。

1.2 故障原因与处理方法

1. 排草传送部被草屑堵塞

输送链条末端和排草传送部被草屑堵塞,导致秸秆无法顺利排出机外。

【处理方法】

请定期清除输送链条末端和排草传送部的草屑,以防止发生秸秆堵塞,相关结构示意图见图 8-1。

清除草屑时,请打开脱粒筒部进行清扫。清扫结束后,请关闭脱粒筒部。

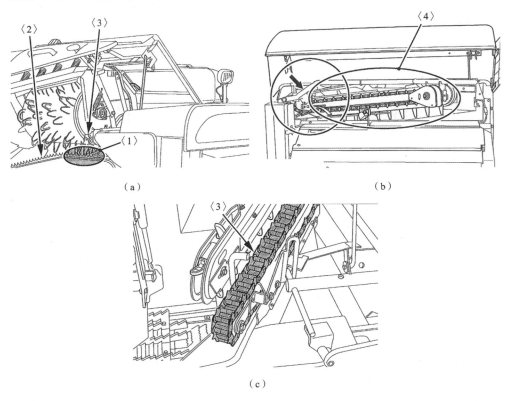

图 8-1　排草部相关结构示意图

1—输送链条末端　2—输送链条　3—排草茎根链条　4—排草传送部

2. 排草穗端链条、排草茎根链条打滑

排草穗端链条或排草茎根链条张紧度不够,导致链条打滑,无法有效传输秸秆,造成排草部堵塞。

【处理方法】

检查排草穗端链条、排草茎根链条张紧度。排草穗端链条、排草茎根链条(见图 8-2)在正常情况下能自动进行张力调整（自动张紧），当链条松弛无法自动张紧时，请修理或更换链条。更换排草茎根链条参考步骤如下。

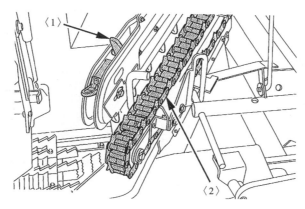

图 8-2　排草穗端链条和排草茎根链条
1—排草穗端链条　2—排草茎根链条

（1）向后（以机头作为基准）拉驱动皮带张紧轮，取下皮带，如图 8-3 所示。

图 8-3　拆取驱动皮带

（2）向后松开铡草器锁扣，拉出铡草器，如图 8-4 所示。

（3）使用尖嘴钳取下排草茎根链条锁销，如图 8-5 所示。

（4）维修或更换排草茎根链条。

（5）按照相反步骤安装排草茎根链条，确保各零部件安装到位。注意锁销开口方向与链条运转方向相反。

（6）请在装配完成后试运行，确认工作正常。

3. 排草输入链条打滑

排草输入链条打滑，导致排草茎根链条、排草穗端链条在负载情况下无法运转，造成排草部堵塞。

图 8-4   拉出铡草器

图 8-5   排草茎根链条锁销

【处理方法】

检查排草输入链条张紧度。排草输入链条虽然能自动进行张力调整(自动张紧),但如果用手指夹紧上下链条时两者接触,则请修理或更换链条。

(1)拆下螺栓,然后拆下排草输入链条护罩,如图 8-6 所示。

(2)用手指夹紧排草输入链条上下间距最小的地方(见图 8-7),确认上下侧是否接触。若无接触,装上排草输入链条护罩。反之,修理或更换链条,参考步骤如下:

① 拆卸链条张紧器开口销(见图 8-8),取下链条张紧器。

② 拆卸链轮轴向固定销(见图 8-9),取下链轮和链条。

③ 修理或更换链条。

4. 安全销折断

进行排草处理时,如果排草穗端、茎根各链条过载,则链条驱动部的安全销会断开,使链

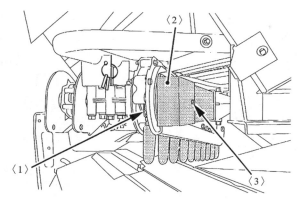

图 8-6　拆下排草输入链条护罩

1—排草穗端链条　2—排草输入链条护罩　3—螺栓

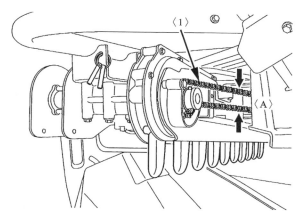

图 8-7　检查排草输入链条

1—排草输入链条　A—夹紧时链条不得接触

图 8-8　链条张紧器开口销

图 8-9 链轮轴向固定销

条无法动作,造成排草部堵塞。

【处理方法】

更换安全销。将折断的安全销拔出,更换备用安全销。安全销如图 8-10 所示。

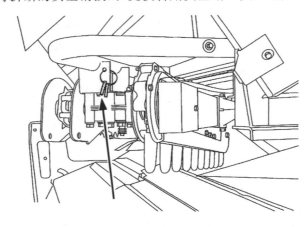

图 8-10 安全销

5. 切刀刀片严重磨损

切刀刀片严重磨损,秸秆无法被快速有效切断,导致排草部堵塞。

【处理方法】

更换切刀刀片。

注意:

* 更换切刀刀片时,请务必关停发动机。

* 请务必使用手套,并避免直接接触切刀刀刃。

* 拆装切断轴组件时,须由 2 人手持无切刀刀片的两端进行作业。

* 须由 2 人协同进行切断轴组件的分解、组装作业。

* 请勿在斜坡上开闭切刀部。

参考步骤如下。

（1）打开切刀上盖，然后打开穗端盖，参见图 8-11。

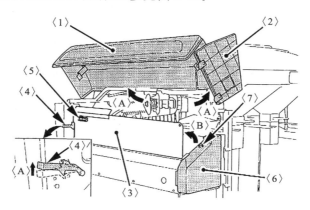

图 8-11　切刀部结构示意图

1—切刀上盖　2—穗端盖　3—切刀切换盖　4—锁定解除手柄　5—把手　6—切刀右侧盖　7—螺栓

A—打开　B—拉出并竖起

（2）一边拉起切刀切换盖的锁定解除手柄，一边将把手拉向近前，将切刀切换盖竖起至垂直位置。

（3）拆下螺栓，然后拆下切刀右侧盖。

（4）打开茎根盖后，拉动把手，拆下切刀左侧盖，如图 8-12 所示。

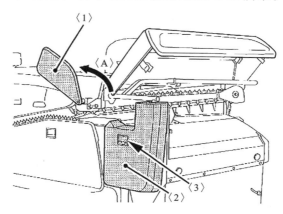

图 8-12　茎根盖与切刀左侧盖

1—茎根盖　2—切刀左侧盖　3—把手

A—打开

（5）拆下锁定解除手柄下方的螺栓，然后拆下辅助盖板，参见图 8-13。

（6）从切刀驱动皮带轮上拆下切刀驱动皮带后，拆下切刀驱动皮带轮。

① 拉动切刀驱动皮带张力臂并降下张紧轮，然后从切刀驱动皮带轮上拆下切刀驱动皮带，如图 8-14 所示。

② 在穗端侧切断轴的螺母上套上扳手，拆下螺栓、平垫圈，然后拆下安装在茎根侧切断轴上的切刀驱动皮带轮，参见图 8-15。

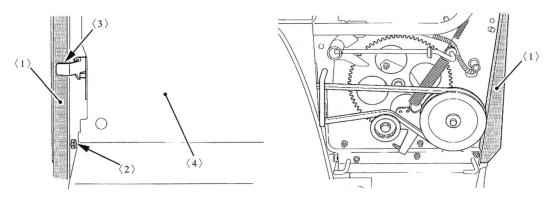

图 8-13　相关结构示意图

1—辅助盖板　2—螺栓　3—锁定解除手柄　4—切刀切换盖

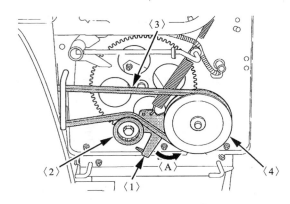

图 8-14　拆下驱动皮带

1—切刀驱动皮带张力臂　2—张紧轮　3—切刀驱动皮带　4—切刀驱动皮带轮

A—拉动方向

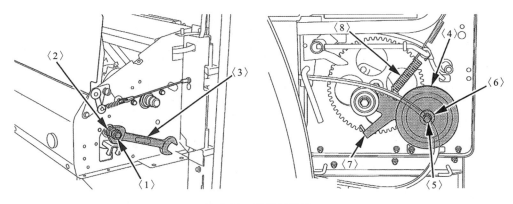

图 8-15　操作示意图

1—切断轴　2—螺母　3—扳手　4—切刀驱动皮带轮　5—螺栓　6—平垫圈　7—切刀驱动皮带张力臂　8—弹簧

③ 拆下切刀驱动皮带张力臂和弹簧。

（7）拆下轴环（22）和 16T 齿轮，参见图 8-16。

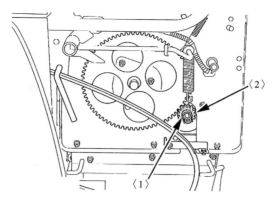

图 8-16　轴环(22)与 16T 齿轮

1—轴环(22)　2—16T 齿轮

补充:

＊ 若装有调节垫片,请与轴环(22)、16T 齿轮同时拆下,参见图 8-17。

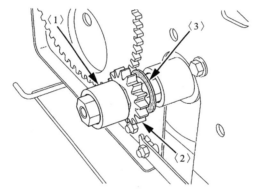

图 8-17　带调节垫片的情形

1—轴环(22)　2—16T 齿轮　3—调节垫片

(8) 打开切刀部后,拆下左侧泄草器组件,参见图 8-18。

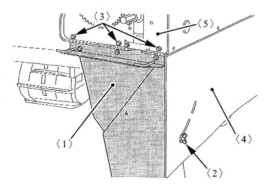

图 8-18　左侧泄草器

1—左侧泄草器组件　2—蝶形螺栓　3—螺母　4—后泄草器　5—切刀刀架

① 拆下将左侧泄草器组件固定在后泄草器上的蝶形螺栓。

② 拆下将左侧泄草器固定在切刀刀架上的螺母。

（9）拆下将切断轴固定在切刀刀架上的螺栓，如图 8-19 所示。

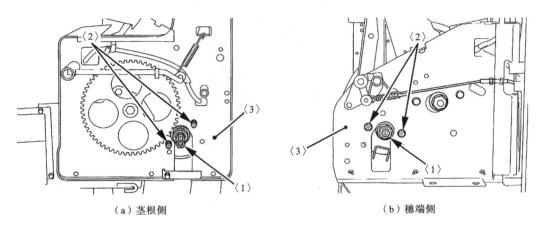

（a）茎根侧   （b）穗端侧

图 8-19　螺栓位置示意图

1—切断轴　2—螺栓　3—切刀刀架

（10）稍稍抬起茎根侧切断轴的轴端，向上转动切断轴安全锁具，将切断轴的轴端缓慢地降至地面，如图 8-20 所示。

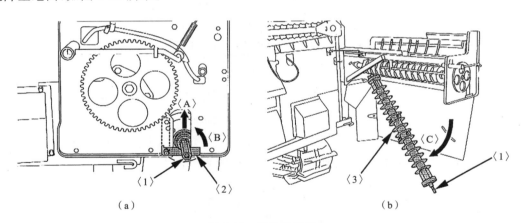

（a）   （b）

图 8-20　操作示意图

1—切断轴轴端　2—切断轴安全锁具　3—切断轴组件

A—抬起　B—向上转动　C—缓慢降下

（11）从切刀刀架上拆下穗端侧切断轴的挂钩，然后拆下切断轴组件，如图 8-21 所示。

（12）更换切刀刀片（切断刀）。进行更换作业时，请务必和助手一起，2 人同时作业。

① 将切断轴组件放在稳定的场所，先拆下穗端侧锁紧螺母，然后拆下带盘簧的螺母进行分解，参见图 8-22。

② 使切断轴的穗端侧朝上，在垂直竖起的状态下，一边注意切刀刀片的安装方向（刀刃的朝向），一边进行更换。

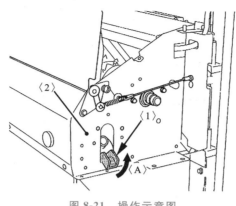

图 8-21 操作示意图

1—挂钩　2—切刀刀架

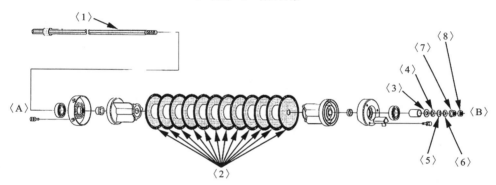

图 8-22 切断轴组件

1—切断轴　2—切刀刀片　3—平垫圈　4—盘簧1　5—盘簧2　6—盘簧3
7—带盘簧的螺母　8—锁紧螺母　A—茎根侧(驱动皮带轮侧)　B—穗端侧

注意：

＊ 组装后,如果切刀刀片相对于切断轴的垂直方向发生倾斜,则切断轴运转时会产生摆动,从而发出异常声音或损坏。

＊ 组装时如果切刀刀片或管端面黏有砂子等异物,则切刀刀片与齿轮转子的间隙以及切刀刀片两端的尺寸会偏离规定值,从而产生上述摆动现象,或导致秸秆切断性能下降。

补充：

＊ 如果弄错安装方向(刀刃的朝向)或刀片规格,将会降低秸秆切断性能。

＊ 刀刃的朝向和旋转方向如图 8-23 所示。

＊ 请按图 8-24 所示组装 3 个盘簧。

③ 更换切刀刀片后,按照与分解时相反的步骤组装切断轴组件。

④ 在切断轴组件垂直竖起的状态下,用扳手拧紧带盘簧的螺母,然后再拧紧锁紧螺母。

(13) 将切断轴组件安装在切刀刀架上(按照与前述拆卸步骤相反的顺序安装)。

注意：

＊ 轴的紧固扭矩为 4903~5884 N·cm(500~600 kgf·cm),请切实紧固。用手轻轻转动切断轴,确认切刀刀片和齿轮转子是否接触。

（14）如果切刀刀片两端的尺寸不在图 8-25 所示的 847.4～849.4 mm 范围内，必须重新分解，正确组装。若切刀刀片和齿轮转子的间隙不在 3.0～6.5 mm 范围内，可利用供给轴（齿轮转子安装轴）的垫圈进行调整。

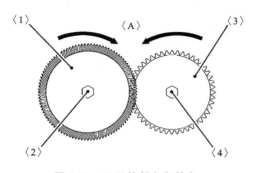

图 8-23　刀刃的朝向和转向

1—切刀刀片　2—切断轴　3—齿轮转子　4—供给轴

A—旋转方向

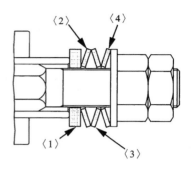

图 8-24　盘簧组装图示

1—平垫圈　2—盘簧 1

3—盘簧 2　4—盘簧 3

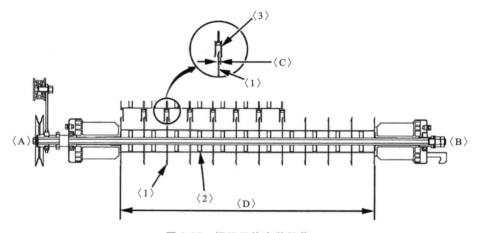

图 8-25　切刀刀片安装规范

1—切刀刀片　2—切断轴　3—齿轮转子

A—茎根侧（驱动皮带轮侧）　B—穗端侧　C—间隙 3.0～6.5 mm　D—尺寸 847.4～849.4 mm

（15）按照与拆卸时相反的步骤安装各零件。

（16）关闭切刀部，然后关闭切刀切换盖。

补充：

　＊ 如果未切实关闭切刀切换盖，发动机自动熄火装置将动作，导致发动机无法启动。

6. 搭接量或间隙未在标准范围

刀刃磨损或刀刃缺损将使搭接量变小，会导致秸秆的切断长度过长，或者秸秆架在切刀刀片（切断刀）和齿轮转子之上而不能被切断，从而引发排草堵塞警报。

切刀刀片（切断刀）和齿轮转子的间隙过大或过小，将会导致秸秆无法切断而发生排草堵塞警报。

【处理方法】

警告：

* 请务必在平坦的场所关停发动机后进行作业。

* 请务必使用手套，并避免直接接触切刀刀刃。

（1）检查搭接量。

根据图 8-26 检查搭接量与刀片磨损情况，如果未在标准范围内，请参照刀片更换方法，对其进行更换。

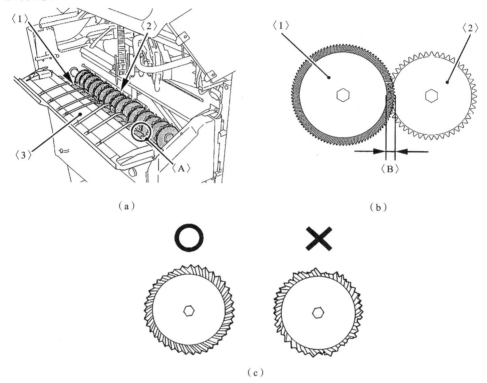

（a）   （b）

（c）

图 8-26   搭接量与刀片磨损情况

1—切刀刀片(切断刀)   2—齿轮转子   3—切刀切换盖

A—间隙   B—搭接量 12.5 mm(出厂时)

（2）检查调整间隙。

① 打开切刀切换盖。

② 确认切刀刀片和齿轮转子的间隙（见图 8-27），如果间隙不在 3.0～6.5 mm 的范围之内，请予以调整。

③ 在左侧供给轴支架和供给轴之间使用垫圈（见图 8-28），将间隙调整为 3.0～6.5 mm。

注意：

* 间隙不在正常范围（3.0～6.5 mm）内时，可能会发生刀具接触，导致损坏，还会降低切断精度。

* 请在茎根侧、穗端侧的两端测量间隙。

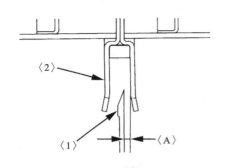 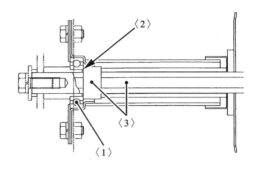

图 8-27　切刀刀片与齿轮转子的间隙　　　　图 8-28　间隙调整

1—切刀刀片　2—齿轮转子　A—间隙 3.0～6.5 mm　　　1—左侧供给轴支架　2—垫圈　3—供给轴

7. 切刀驱动皮带张紧度不够

切刀驱动皮带张紧度不够,导致切刀驱动轮打滑,无法有效传递动力,造成排草部堵塞。

【处理方法】

检查皮带,如果皮带的张紧度较弱,请变更(换挂)装有张紧弹簧的切刀张力臂侧的安装孔的位置,如图 8-29 所示。

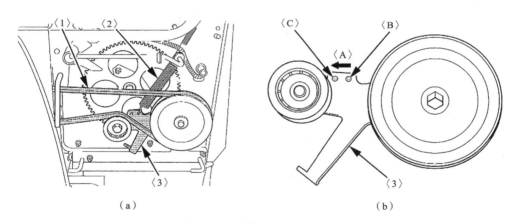

（a）　　　　　　　　　　　　　　　　　（b）

图 8-29　换挂切刀驱动皮带

1—切刀驱动皮带　2—张紧弹簧　3—切刀张力臂

A—换挂　B—安装孔(出厂位置)　C—安装孔(变更位置)

8. 排草穗端链条拨指销折断

排草穗端链条拨指销折断,导致秸秆茎端与穗端输送不同步,造成排草部堵塞。

【处理方法】

更换拨指销。

（1）参照"排草穗端链条、排草茎根链条打滑"处理方法的前两步拉出铡草器。

（2）拆卸排草穗端链条总成的固定螺栓(见图 8-30)。

图 8-30　穗端链条总成固定螺栓

（3）拆卸链条盖螺栓（见图 8-31），取下链条盖。

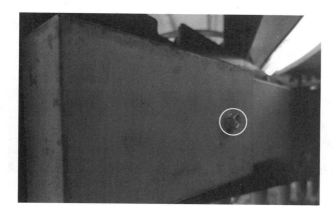

图 8-31　链条盖螺栓

（4）拆卸链条张紧器开口销（见图 8-32），取下链条张紧器。

图 8-32　链条张紧器开口销

（5）拆卸链轮轴向固定销（见图 8-33），取下链轮和链条。

图 8-33　链轮轴向固定销

（6）抬下穗端箱（见图 8-34）。

图 8-34　穗端箱

（7）使用卡簧钳取下轴承卡簧（见图 8-35），拆卸穗端箱外壳螺栓。

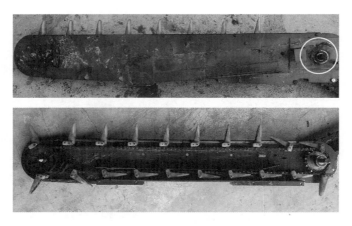

图 8-35　轴承卡簧

（8）拆卸排草拨指销（见图 8-36），更换拨指销。

图 8-36   拨指销

（9）按照相反步骤安装排草穗端链条各部件，确保各零部件安装到位。

（10）请在装配完成后试运行，确认工作正常。

项 目 总 结

排草部分的常见故障诊断与排除 —— 排草堵塞的故障诊断与排除
- 排草传送部被草屑堵塞
- 排草穗端链条、排草茎根链条打滑
- 排草输入链条打滑
- 安全销折断
- 切刀刀片严重磨损
- 搭接量或间隙未在标准范围
- 切刀驱动皮带张紧度不够
- 排草穗端链条拨指销折断

思考与练习

1. 简述拆装切刀的注意事项。
2. 简述齿轮轴向定位的类型。

3. 写出发动机至排草茎根链条的动力传递路线。

4. 列举排草部分堵塞的故障原因。

5. 简述切刀刀片和齿轮转子间隙的调整方法。

6. 分析联合收割机排草不整齐的原因。

项目 9
行走部分的常见故障诊断与排除

 项目描述

  联合收割机行走部分的主要作用是利用发动机的动力带动机体按照既定轨迹运动。主要结构由履带、驱动轮、支重轮、托带轮等组成。一旦行走部分发生故障,将导致收割机无法运动,造成联合收割机无法正常作业。因此,掌握行走部分的常见故障现象及排除方法至关重要。

 教学目标

知识目标
1. 掌握行走部分的构造及工作原理。
2. 熟悉发动机至履带的动力传递路线。
3. 掌握行走部分常见故障的排除方法。

能力目标
1. 能够正确选用工具,并规范使用。
2. 能够根据故障现象,制订故障排除方案。
3. 能够独立规范调整履带的张紧度。
4. 能够根据故障现象,独立规范排除行走部分故障。

素质目标
1. 培养学农、知农、爱农情怀,热爱农机事业。
2. 培养团队协作、沟通协作能力。
3. 通过对履带结构的学习,理解个体与整体的辩证关系。

履带的发明

1770 年，埃奇沃思发明了一种"可行驶任何马车并跟马车一起移动的铁道或人工道路"，而且在英国获得了专利。他的办法是把若干木制板条连接成一根环状的链，按一定的方式连续地移动，使得始终有一个板条或几个板条跟地面接触。他的目的是在使用狭窄的车轮时把马车重量分散到更宽的地面上，使马车能在崎岖的或松软的地面上行驶。然而埃奇沃思的设计都停留在制图纸上。

美国发明家巴特尔于 1888 年获得一项履带的专利。1904 年，霍尔特也获得一项非常实用的履带的发明专利，并于 1906 年投入批量生产，用履带替换原来的蒸汽拖拉机的后轮，出现了霍尔特履带式拖拉机。这就是最早改制成坦克的那种拖拉机。

任务 1　履带脱轨的故障诊断与排除

任务描述

一联合收割机在直行或转弯过程中，履带脱落，造成收割机无法正常行驶。本任务主要学习如何根据故障现象，安全规范排除履带脱落的故障。

任务目标

1. 掌握履带的构造与工作原理。
2. 能够独立分析履带脱轨的故障原因，制订维修方案。
3. 掌握履带张紧度的检测与调整方法。
4. 掌握导向轮支架的更换方法。
5. 掌握履带托带轮的更换方法。

准备工具

联合收割机 1 台、套筒扳手组合工具 1 套、钢丝钳 1 把、扭力扳手 1 把、10 cm 钢直尺 1 把、液压千斤顶（≥2 t）2 个、枕木 2 个、安全帽 1 个。

知识要点

1. 履带张紧度的检测与调整。
2. 导向轮支架的更换。
3. 履带托带轮的更换。

1.1　履带

收割机的行走装置基本采用履带式。中小型联合收割机一般用金属（或橡胶）全履带（见图 9-1），大型联合收割机在雨季收获时采用金属半履带（见图 9-2）。

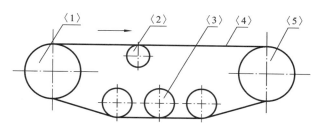

图 9-1　常轨式履带装置简图
1—驱动轮　2—托带轮　3—支重轮　4—履带　5—导向轮

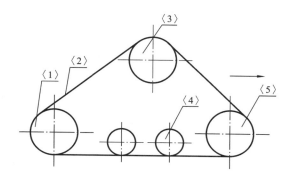

图 9-2　三角式半履带装置简图
1—后支导轮　2—履带　3—驱动轮　4—支重轮　5—前支导轮

履带按材料可分为橡胶履带和钢制履带。橡胶履带是一种橡胶与金属或纤维材料复合而成的环行橡胶带,主要用于履带式车辆的行走部分。橡胶履带在履带式车辆中有着十分广泛的用途,在工程机械、建筑机械、运输机械、农业机械、园林机械上都有着广泛的应用。橡胶履带有如下的特点。

(1) 不损伤路面。橡胶履带对路面的不损伤性要优于钢制履带。因此,橡胶履带机械作业不受路面限制,短途转场作业不需要运输工具搬运。

(2) 接地压力小,湿地通过性好。橡胶履带在湿地、沼泽地的通过性能优于钢制履带,扩展了机械作业区间与范围,提高了机械设备的利用效率。

(3) 振动小,噪声低。橡胶履带利用的是橡胶与钢件的摩擦,钢制履带利用的是钢制件之间的摩擦,故橡胶履带噪声小。

1.2　液压无级变速

静液压无级变速器(HST)是根据液压静力原理工作的,如图 9-3 所示。它由两个柱塞泵组成,一个作为液压泵,另一个作为液压马达。液压泵通过换向阀管路连接液压马达构成无级变速机构。在使用中将需要变速的电机与液压泵传动连接,通过调节液压泵输出的液压油的压力和流量来调节液压马达的输出转速,即可进行无级变速。

通常机械结构变速依靠齿轮来实现,为实现不同的传动比不可避免地需要换挡(切换到不同直径的齿轮),而液压无级变速装置依靠液压油这个介质将液压系统能量传递下去,不

129

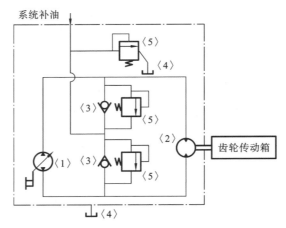

图 9-3　HST 系统原理简图

1—双向变量液压泵　2—双向定量液压马达　3—单向阀　4—油箱　5—溢流阀

同的流量即可实现马达转速的变化。控制流量非常方便,可以通过发动机转速、油泵变量、液压阀(流量阀、比例阀、伺服阀)实现。

　　HST 系统广泛应用于农业机械。采用 HST 系统使农业机械结构更加紧凑、重量更轻、噪声更小、操纵更方便,可以完全无级调节机器行走速度,行走控制和换向更加方便,驱动更加灵活,作业效率更高。

　　将 HST 应用于拖拉机传动系,可使拖拉机整体水平提高一个很大的台阶,其优点是明显的:

　　(1)大大简化了传动系结构,几乎可以省略传统的主变速箱。

　　(2)简化操作,利用踏板或手柄可实现区段式无级变速。

　　(3)可方便地获得爬行速度,有利于配置有爬行速度要求的农机具。

　　(4)HST 可便捷地实现正反转变换,可在不增加任何机构的情况下,方便地满足如装载机等在短距离往复行走的特殊需要。

　　HST 应用于传动系的缺点:

　　(1)由于 HST 总传动效率在 80% 左右,因此与齿轮传动相比,其传动效率偏低。

　　(2)由于液压元件制造精度要求较高,从国外部分拖拉机使用的情况来看,其噪声大和油温高的问题还没有彻底解决。

　　(3)对液压用油清洁度的要求也比传统的传动系用油要高。

1.3　故障现象

联合收割机在直行或转弯过程中,履带脱落造成收割机无法正常行驶。

1.4　故障原因及处理方法

1. 履带张紧度不够

在使用履带过程中,振动、磨损导致张紧度下降,当超过极限后将会引起履带脱落,造成履带脱轨故障。

【处理方法】

检查、调整履带张紧度。顶起机器,在履带离地面约 10 cm 的状态下,使滚轮处于水平状态后,将第 2 滚轮和履带下侧的挠度调整到 6~16 mm。参照图 9-4,请分别对两侧进行调整。

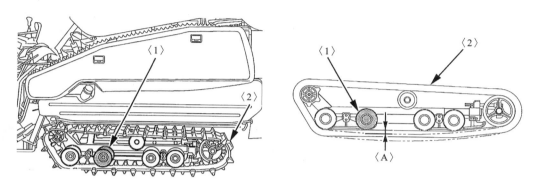

图 9-4   履带张紧度调整

1—第 2 滚轮   2—履带

A—挠度 6~16 mm

注意:

(1) 请在作业时务必佩戴好安全帽。

(2) 请将收割机停放在平坦的场所,并务必关停发动机。

(3) 请在平坦的场所升起割台,将割台的安全锁具置于［锁定］位置,以防止割台下降。此外,还应采取垫入枕木等防止下降的措施。

(4) 须用千斤顶顶起机器时,请选择水泥地等坚硬的场地和能保持平衡的位置进行作业。

(5) 请选用顶起能力为 2 t 以上的千斤顶。

(6) 选用木材、垫块等垫入收割机时,应选用强度足够的材料,垫入时请注意不可使木材或垫块脱离收割机。

(7) 调整完毕后,请使千斤顶缓慢泄压,防止收割机突然落下造成事故。

调整步骤如下。

(1) 将收割机移动到平坦的场所。

(2) 使履带悬空,离开地面约 10 cm。

① 启动发动机后,将割台升起到最高位置。

② 关停发动机。

③ 前侧将木材或垫块垫入变速箱部需调整侧的前车轴处,如图 9-5 所示。

④ 后侧将木材或垫块垫入图 9-6 所示的调整侧的机架处。

(3) 拔出履带后部张紧螺栓的止转件卡销,拆下止转件,如图 9-7 所示。

(4) 向左旋转张紧螺栓,张紧履带,调整挠度。

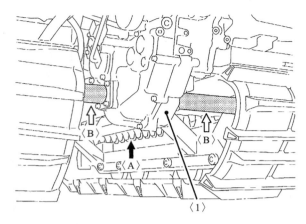

图 9-5　操作示意图(一)

1—变速箱　A—顶起　B—垫入木材或垫块

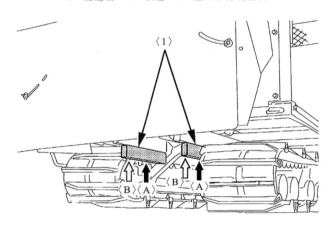

图 9-6　操作示意图(二)

1—机架　A—顶起　B—垫入木材或垫块

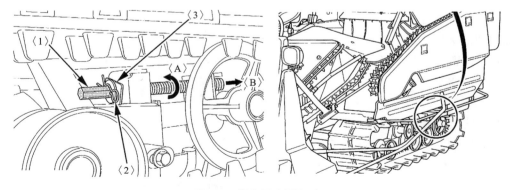

图 9-7　操作示意图(三)

1—张紧螺栓　2—卡销　3—止转件

A—旋转　B—张紧

（5）安装好止转件后，插入卡销。

（6）调整相反一侧的履带挠度。

（7）顶起收割机，移去垫块或木材。

（8）移去千斤顶。

补充：

（1）若履带张紧过度，可能会导致车轴损坏。

（2）若履带张紧过松，可能会导致履带脱落或链轮及芯轴加快磨损，因此请在新履带使用 50 h 后进行张力调整。

（3）请勿将履带长期保管于室外，以免因日晒雨淋而导致履带老化。

2.　导向轮支架变形

收割机在使用时，因倒车或转弯撞击导向轮而使导向轮支架变形，导致履带偏转运行，进而使履带脱轨。

【处理方法】

按照履带张紧度调整方法将需要更换导向轮一侧的机架顶起，松开履带张紧螺杆，取下导向轮总成，检查导向轮支架、轴承是否损坏，若任一处损坏请更换新品。

3.　履带托带轮损坏

履带托带轮损坏后，造成履带不在轨道内运行，收割机在转弯时履带易脱落。

【处理方法】

按照上述方法将需要更换托带轮一侧的机架顶起，松开履带张紧螺杆，取下托带轮总成，检查轴承、托带轮是否损坏，若任一处损坏请更换新品。

任务 2　无法转向的故障诊断与排除

任务描述

一联合收割机在收割作业时，能够直线行驶，但无法转向。本任务主要学习如何根据故障现象，安全规范排除无法转向的故障。

任务目标

1. 能够独立分析无法转向的故障原因，制订维修方案。

2. 掌握转向继电器的检测方法。

3. 掌握转向油缸间隙的调整方法。

准备工具

联合收割机 1 台、套筒扳手组合工具 1 套、万用表 1 台、塞尺 1 把。

知识要点

1. 转向继电器的检测。
2. 转向油缸间隙的调整。

2.1　故障现象

收割机能够直线行驶,但无法转向。

2.2　故障原因及处理方法

1. 转向继电器损坏

转向继电器损坏,导致转向臂不能动作而无法实现转向。

【处理方法】

(1)检查继电器线圈。

如图 9-8 所示,将万用表调至电阻挡,用万用表的正负表笔接继电器的 85、86 端子,观察电阻值。电阻值应在 50～100 Ω 范围内,否则表示继电器损坏,需要更换。

(2)检查继电器触点。

如图 9-9 所示,将转向继电器的 85、86 端子接蓄电池的正负极,用万用表电阻挡测量 30、87 端子间的电阻值。若电阻值趋近于 0,则表示继电器正常,否则表示损坏,需要更换。

注意:万用表在使用前需要校零。

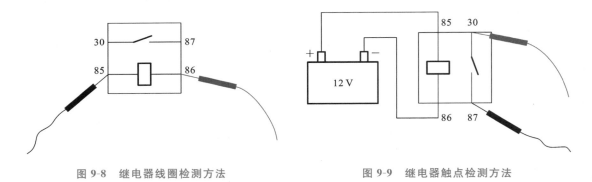

图 9-8　继电器线圈检测方法　　　　　　图 9-9　继电器触点检测方法

2. 转向油缸间隙过大

转向油缸调整螺栓松动,使得转向间隙过大而无法转向。

【处理方法】

(1)松开刹车制动踏板,使刹车拉线处于松弛状态。

(2)启动发动机,将割台升至最高处,放下安全锁具,如图 9-10 所示。

(3)关停发动机,检查左右转向臂是否处于同一水平面,若未在同一水平面应调整刹车

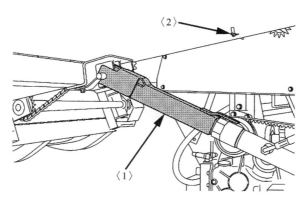

图 9-10   割台安全卡落下示意图
1—割台安全卡   2—安全卡锁销

拉线使两个转向臂处于同一水平面。

（4）检查转向油缸底部与转向臂之间的间隙是否在规定范围内，若不在规定范围内，则松开转向油缸锁紧螺母，调整油缸与转向臂间隙至规定范围。

（5）调整结束后启动收割机，在低速行驶状态下左右转向，转向过程中不出现转向不灵或者转向不回位的情况则表示调整正确。

项 目 总 结

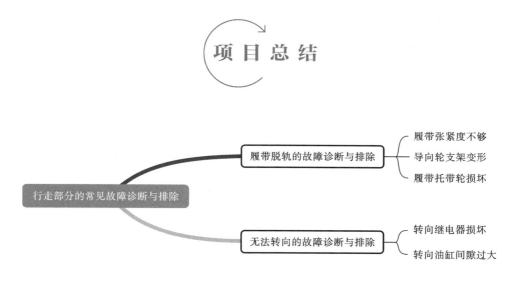

履带脱轨的故障诊断与排除 —— 履带张紧度不够
导向轮支架变形
履带托带轮损坏

行走部分的常见故障诊断与排除

无法转向的故障诊断与排除 —— 转向继电器损坏
转向油缸间隙过大

思考与练习

1. 简述履带式联合收割机相对于轮式联合收割机的优劣势。
2. 简述液压无级变速的工作原理。
3. 简要分析联合收割机无法转向的故障原因。

4. 履带行走装置的"四轮一带"是什么含义?

5. 参考图9-11,简述千斤顶的工作原理。

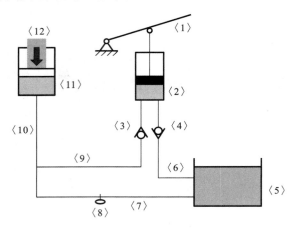

图9-11 千斤顶原理图

1—杠杆手柄 2—泵体(油腔) 3—排油单向阀 4—吸油单向阀 5—油箱
6、7、9、10—油管 8—放油阀 11—液压缸(油腔) 12—重物

项目 10
电气系统的常见故障诊断与排除

 项目描述

　　由于联合收割机往往是在较为恶劣的环境中作业,因此,联合收割机电气系统很容易出现故障,造成误工误时,进而影响机手的收入和作业量。电气系统是联合收割机的重要组成部分,担负着灯光信号、夜间照明、故障报警、启动发动机、自动控制、工况监视等工作。所以,联合收割机电气系统的故障能否正确有效排除至关重要。

 教学目标

知识目标

1. 掌握农机电气系统的组成、作用、特点和工作原理。
2. 掌握试灯、万用表、解码仪等电路检测工具的使用方法。

能力目标

1. 能够识读联合收割机电路图。
2. 能够根据故障现象,制订故障排除方案。
3. 能够规范排除联合收割机无法启动的电路故障。
4. 能够规范排除联合收割机照明、仪表故障。

素质目标

1. 培养学农、知农、爱农情怀,热爱农机事业。
2. 通过于敏院士的先进事迹,激发学生的报国志、强国梦。
3. 通过绘制电路图,理解工程规范的重要性。

国家需要我，我一定全力以赴

"离乱中寻觅一张安静的书桌；未曾向洋已经砺就了锋锷。

受命之日，寝不安席；当年吴钩，申城淬火。

十月出塞，大器初成；一句嘱托，许下了一生。

一声巨响，惊诧了世界；一个名字，荡涤了人心。"

这是 2014 年"感动中国人物"评选委员会给于敏院士的颁奖词。在新中国的成长历程中，这位没有任何留学经历、土生土长的"中国氢弹之父"是我国国防科技事业改革发展的重要推动者。1951 年至 1965 年，于敏在原子能院（所）任助理研究员、副研究员，先后从事核理论研究和核武器理论研究。2019 年 1 月 16 日，这位改革先锋在京去世，享年93 岁，这一年 9 月 17 日，他被授予共和国勋章。

任务 1　无法启动的故障诊断与排除

任务描述

将收割离合、脱粒离合置于［离］位置，变速手柄置于［停］位置，踩下刹车踏板，转动主开关钥匙至启动挡，发动机不运转或运转不良，无法正常启动。本任务主要学习如何根据故障现象，安全规范排除无法启动的故障。

任务目标

1. 掌握农机电气系统的组成。

2. 能够独立分析无法启动的故障原因，制订维修方案。

2. 掌握负极搭铁不良的检测方法。

3. 掌握保险装置的检测方法。

4. 掌握启动继电器的检测方法。

5. 掌握安全开关的检测方法。

6. 掌握启动机的检测方法。

准备工具

联合收割机 1 台、万用表 1 个、跨接线 1 套、帮线 1 套。

知识要点

1. 负极搭铁不良的检测。

2. 保险装置的检测。

3. 启动继电器的检测。

4. 安全开关的检测。

5. 启动机的检测。

1.1　农机电气系统的组成

农业机械虽然种类繁多,但其电气系统的构成相似。农机电气系统一般由电源系统、启动系统、点火系统、照明与信号系统、仪表与报警系统、电子控制系统以及辅助装置组成,如图 10-1 所示。说明:柴油发动机无点火系统。

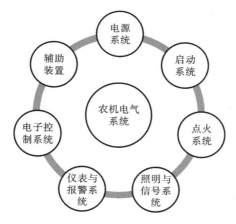

图 10-1　农机电气系统的组成

电气系统可归纳为三大部分,如表 10-1 所示。

表 10-1　电气系统的组成归类

序号	项目	组　　成
1	电源	蓄电池、发电机及调节器
2	用电设备	启动系统、点火系统、照明系统、信号装置、仪表及警报装置、辅助电器、电子控制系统等
3	全车线路配电装置	中央接线盒、保险装置、继电器、电线束及插接件、电路开关等

1.2　保险丝

保险丝一般都有自己特定的属性,按照熔断速度来分采用不同的字母表示,如特慢速保险丝(TT)、慢速保险丝(T)、中速保险丝(M)、快速保险丝(F)、特快速保险丝(FF);按照国际标准又分为欧规保险丝(VDE)、美规保险丝(UL)、日规保险丝(PSE)等。

在实际生活运用中,我们经常会碰见浪涌电流或者冲击电流。它是指部分电路在开关的瞬间电流会比平时高出好几倍,尽管它的电流峰值很高,但是它出现的时间短。普通的保险丝是承受不了这种电流的,如果用普通保险丝,电路就无法正常开启;如果换成大规格电流保险丝,当电路中出现过载电流时又无法起到保护作用。这时慢速保险丝就很好地解决了这个问题。

慢速保险丝也称作延时保险丝,熔体经特殊加工而成,具有吸收能量的作用,它的延时特性表现在当电路出现非故障脉冲电流时保持完好而能对长时间的过载提供保护。

快断(熔)保险丝多用于电路板或特殊设备,只要电流超过其额定值瞬间即熔断,只能作短路保护。

慢熔断保险丝与快熔断保险丝的最主要区别在于它对瞬间脉冲电流的承受能力,也就是说它可以抵抗开关机时浪涌电流的冲击而不动作,从而保证设备的正常运作,因此慢熔断保险丝往往又被称为耐浪涌保险丝。从技术层面上来说,慢熔断保险丝具有较大的熔化热能值,保险丝熔断所需要的能量较大,所以对于同样额定电流的保险丝来说,慢熔断比快熔断耐脉冲的能力要强很多。

由于慢熔断保险丝的熔化热能值比同规格的快熔断保险丝的要大,所以在电路发生过电流时的熔断时间也会比快熔断的要长一些,但这并不代表它的保护性能差。因为一旦电路出现故障,过电流就不会自行消失,持续过电流的能量会大大超过保险丝的熔化热能值,无论何种保险丝都会被熔断。慢熔断和快熔断之间的时间差异对其保护要求来说不是很重要,只有在被保护电路中有敏感器件需要保护的情况下,慢熔断才会对保护性能有所影响。

由于以上这些差异,慢熔断保险丝和快熔断保险丝被应用在不同的电路中:在纯阻性电路(没有或很少浪涌)或需要保护 IC 等敏感贵重器件的电路中必须采用快熔断保险丝;而在容性或感性电路(开关机时有浪涌)、电源输入/输出部分最好采用慢熔断保险丝。除了保护 IC 的电路外,大部分使用快熔断保险丝的场合都能够改用慢熔断保险丝,以提高抗干扰能力;反之,若在使用慢熔断保险丝的地方改用快熔断保险丝,则往往会造成开机即熔断保险丝而无法正常工作的现象。

此外,由于慢熔断保险丝的价格比快熔断保险丝的价格要高出不少,经济考量也成为选用时的一个间接因素。

1.3 导线颜色

为便于安装和检修,农业装备常采用双色导线,主色为基础色,辅色为环布导线的条色带或螺旋色带,且标注时主色在前,辅色在后。以双色为基础选用时,各用电系统的电源线为单色,其余为双色,双色线的主色见表 10-2。

表 10-2　电路中导线表面颜色代号

系统名称	导线主色	代号	系统名称	导线主色	代号
电气装置接地线	黑	B	仪表、报警指示和喇叭系统	棕	Br
点火启动系统	白	W	前照灯、雾灯等外部照明系统	蓝	Bl
电源系统	红	R	各种辅助电机及电气操纵系统	灰	Gr
灯光信号系统	绿	G	收放音机、点烟器等系统	紫	V
车身内部照明系统	黄	Y	—	—	—

随着电气元件的增多,导线数量不断增加,为了便于维修,低压导线常以不同的颜色加以区分。其中截面积在 4 mm^2 以上的导线采用单色,而 4 mm^2 以下的导线均采用双色。搭

铁线均用黑色导线。

1.4　继电器

1. 继电器结构

继电器可以实现自动接通或切断一对或多对触点,完成用小电流控制大电流,可以减小控制开关的电流负荷,保护电路中的控制开关。如进气预热继电器、空调继电器、喇叭继电器、雾灯继电器、中间继电器、风窗刮水继电器、清洗器继电器、危险报警与转向闪光继电器等。

继电器有很多类型,常见的有三类:常开继电器、常闭继电器和常开常闭混合型继电器,如图 10-2 所示。

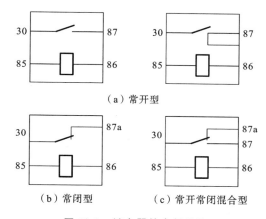

（a）常开型

（b）常闭型　　　　（c）常开常闭混合型

图 10-2　继电器的内部结构

2. 继电器检测方法

（1）静态检测。

用万用表电阻挡检测继电器线圈的阻值,从而判断该线圈是否存在开路现象。

（2）通电检测。

如果电阻符合要求,再给继电器线圈加载工作电压,然后用万用表检查触点的导通情况。如果是常开触点,加载工作电压后,触点应闭合,测得电阻接近于 0;如果是常闭触点,加载工作电压后,触点应断开,测得电阻为无穷大。如果检测结果与上述不符,说明继电器已损坏。

1.5　故障现象

将收割离合、脱粒离合置于[离]位置,变速手柄置于[停]位置,踩下刹车踏板,转动主开关钥匙至启动挡,发动机不运转或运转不良,无法正常启动。

1.6 故障原因及处理方法

电路故障的诊断排除,读懂电路图至关重要,不仅有利于分析故障原因,而且能够理清电子元件间的逻辑关系,进而排除故障。

1. 负极搭铁不良

在使用联合收割机过程中,振动等造成蓄电池负极搭铁不良甚至断开,导致发动机无法启动。

【处理方法】

(1)使用万用表的正、负表笔分别接蓄电池的正极、负极,测量蓄电池电压 N1。注意:万用表在使用前应校零。校零方法:将万用表挡位拧至"Ω"挡,短接正负表笔,观察读数,读数趋近于 0,则说明万用表正常,否则需要更换万用表。

(2)万用表正极接蓄电池正极,负极搭铁,观察读数 N2。N1 与 N2 应数值相当,否则说明搭铁不良。

(3)若搭铁不良,则需要检查蓄电池接线柱是否紧固、是否发生氧化,搭铁紧固螺栓是否拧紧,确保搭铁良好。

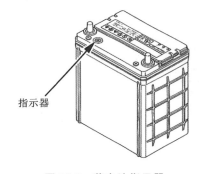

指示器

图 10-3 蓄电池指示器

2. 蓄电池亏电

蓄电池老化或发电机损坏,可能造成蓄电池亏电,导致发动机无法启动。

【处理方法】

(1)检测法。

使用万用表的正、负表笔分别接蓄电池正、负极,测量蓄电池电压,电压值约为 12 V 表示正常,否则应对蓄电池充电或更换蓄电池。

(2)观察法。

通过蓄电池上表面的指示器(见图 10-3)的颜色确认充电状态。请参照表 10-3 进行处理。

表 10-3 蓄电池指示器颜色的含义

显示颜色	充电状态	处理措施
绿色	正常	可用
黑色	放电	补充电
透明	电解液减少	更换

警告：

请按照下列步骤更换蓄电池。若步骤错误，可能会由于短路引发的火花而导致起火爆炸。

拆卸时，应从"－"极端子侧（接地侧）开始拆卸，然后拆"＋"极端子；安装时，应从"＋"极端子开始安装，然后安装"－"极端子。

3. 启动保险损坏

启动电路中的保险损坏，导致启动电路无法接通，发动机无法启动。

【处理办法】

用万用表检测总保险、启动保险、电子控制单元（ECU）保险，若损坏则更换。检测方法：用万用表电阻挡测量保险电阻值，若电阻值趋近于 0，表示保险正常；反之，则损坏。

4. 启动继电器损坏

启动继电器损坏将导致启动机无法正常工作，造成发动机无法启动。

【处理方法】

（1）检查继电器线圈。

将万用表调至电阻挡，用万用表的正、负表笔分别接继电器的 85、86 端子（见图 10-4），观察电阻值。阻值应在 50～100 Ω 范围内，否则表示损坏，需要更换。

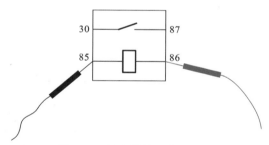

图 10-4　继电器线圈检测方法

（2）检查继电器触点。

如图 10-5 所示，将启动继电器的 85、86 端子分别接蓄电池的正、负极，用万用表电阻挡测量 30、87 端子之间的电阻值，若电阻值趋近于 0，则表示继电器正常，否则表示损坏，需要

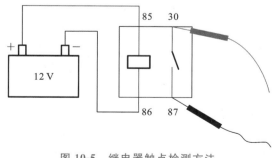

图 10-5　继电器触点检测方法

143

更换。

5．脱粒安全开关损坏

脱粒安全开关损坏,将导致启动电路无法接通,造成发动机无法启动。

【处理方法】

将万用表调至电阻挡,用万用表的正、负表笔分别接脱粒安全开关(见图10-6)的两个触点。按下开关触头,观察万用表读数,若数值趋近于0,则表示脱粒安全开关正常,否则表示损坏,需要更换。

说明:安全开关有两种类型,一种为按下开关触头导通,一种为松开开关触头导通,在检测时需要提前判断安全开关类型,以便正常排除故障。

6．刹车安全开关损坏

刹车安全开关损坏,将导致启动电路无法接通,造成发动机无法启动。

【处理方法】

将万用表调至电阻挡,用万用表的正、负表笔分别接刹车安全开关的两个触点。按下开关触头,观察万用表读数,若数值趋近于0,则表示刹车安全开关正常,否则表示损坏,需要更换。

7．点火开关损坏

点火开关损坏,将导致启动机无法正常运转,造成发动机无法启动。点火开关挡位与接线端子如图10-7所示。

	B	M	G	S
OFF	●			
ACC	●——	●		
ON	●——	●	●	
ST	●——		●	●

图 10-6　脱粒安全开关图形符号　　　　图 10-7　点火开关挡位与接线端子

【处理方法】

(1)将钥匙开关拧至 ACC 挡,万用表调至电阻挡,用正、负表笔分别接 B 端子、M 端子,电阻值趋近于0,表示正常,否则表示损坏,需要维修或更换。

(2)将钥匙开关拧至 ON 挡,万用表调至电阻挡,用正、负表笔分别接 B 端子、M 端子,电阻值趋近于0,表示正常,否则表示损坏,需要维修或更换。用正、负表笔分别接 B 端子、G 端子,电阻值趋近于0,表示正常,否则表示损坏,需要维修或更换。

(3)将钥匙开关拧至 ST 挡,万用表调至电阻挡,用正、负表笔分别接 B 端子、M 端子,电阻值无穷大,表示正常,否则表示损坏,需要维修或更换。用正、负表笔分别接 B 端子、G 端子,电阻值趋近于0,表示正常,否则表示损坏,需要维修或更换。用正、负表笔分别接 B 端子、S 端子,电阻值趋近于0,表示正常,否则表示损坏,需要维修或更换。

8. 启动机损坏

启动机损坏,启动机无法带动发动机飞轮旋转,导致发动机无法启动。

【**处理方法**】

(1)静态检测。

启动机原理图如图 10-8 所示。

① 吸引线圈检测。将万用表调至电阻挡,正、负表笔分别接启动机的 50 端子、C 端子,观察万用表读数。若电阻值无穷大,则表示吸引线圈损坏,需要更换启动机的电磁开关。

② 保持线圈检测。将万用表调至电阻挡,正表笔接启动机的 50 端子、负表笔搭铁,观察万用表读数。若电阻值无穷大,则表示保持线圈损坏,需要更换启动机的电磁开关。

(2)带电检测。

① 将蓄电池的正极接 30 端子,负极接启动机壳体。

② 将 30 端子与 50 端子接通。

③ 观察启动机,若启动机的驱动齿轮被推出且正常旋转,则表示启动机正常;否则,启动机损坏。

综合以上故障原因及处理方法,在联合收割机无法启动的情况下,参考图 10-9 所示的流程排除故障。

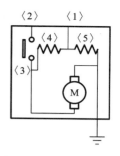

图 10-8　启动机原理图

1—50 端子　2—30 端子　3—C 端子
4—吸引线圈　5—保持线圈

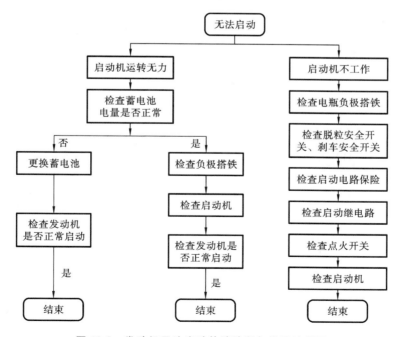

图 10-9　发动机无法启动故障诊断与排除流程图

任务 2　灯光的故障诊断与排除

任务描述

在蓄电池或发电机处于正常工作状态下,接通主开关,发现灯泡不亮,联合收割机无法进行夜间作业。本任务主要学习如何根据故障现象,安全规范排除灯光故障。

任务目标

1. 能够独立分析灯光故障的原因,制订维修方案。

2. 掌握灯泡的检测方法。

3. 掌握保险装置的检测方法。

4. 掌握灯光继电器的检测方法。

5. 掌握灯光开关的检测方法。

准备工具

联合收割机 1 台、万用表 1 个、跨接线 1 套、帮线 1 套。

知识要点

1. 灯泡的检测。

2. 保险装置的检测。

3. 灯光继电器的检测。

4. 灯光开关的检测。

2.1　故障现象

在蓄电池或发电机处于正常工作状态下,接通主开关,发现灯泡不亮,联合收割机无法进行夜间作业。

2.2　故障原因及处理方法

1. 灯泡损坏

灯泡损坏导致无法正常照明。

【处理方法】

(1)传统钨丝灯泡。

如图 10-10 所示,用万用表的正、负表笔分别接灯泡两端,若电阻值无穷大,说明灯泡损坏;否则,灯泡正常。

(2)LED 灯管。

单凭一个普通万用表无法测量判定 LED 灯管的好坏,除非灯管被完全击穿。下面介绍使用数字式万用表检测单颗 LED 灯珠的方法。注意：机械式万用表与数字式万用表的使用方法存在差异。因为机械式万用表的黑表笔（负表笔）接表内电路正极，红表笔（正表笔）接表内电路的负极，与数字式万用表相反。

① 将万用表挡位调至"晶体管挡"。

② 将万用表红表笔与灯珠阳极接触体接触，万用表黑表笔与灯珠阴极接触体接触（见图 10-11），观察是否亮灯。若灯亮，则表示灯珠功能上基本无碍；若灯不亮，将红黑表笔交换再测试一下，以免有些灯珠的阴阳极与一般的相反。

注意：一般 LED 灯珠的正向压降为 $2.7 \sim 3.6$ V，请不要随意给灯珠两端加载高于该值的电压；发光二极管长引脚为阳极，短引脚为阴极。

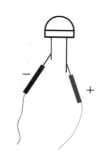

图 10-10　检测灯泡电阻　　　　　　　图 10-11　LED 灯珠检测示意图

2. 保险损坏

保险损坏，导致灯泡无法形成回路，造成灯泡不亮。

【处理方法】

用万用表检测总保险、灯光保险，若损坏则更换。检测方法：用万用表电阻挡测量保险电阻值，若电阻值趋近于 0，表示保险正常；否则，保险损坏。

3. 灯光继电器损坏

照明灯的工作电流大，若用车灯开关直接控制照明灯，车灯开关易损坏，因此在灯光电路中设有电源继电器。若电源继电器损坏，则灯泡无法形成回路，造成灯泡不亮。

【处理方法】

（1）检查继电器线圈。

将万用表调至电阻挡，用万用表的正、负表笔分别接启动继电器的 85、86 端子，观察电阻值。若电阻值为 $50 \sim 100$ Ω，则表示继电器线圈正常，否则表示损坏，需要更换。

（2）检查继电器触点。

将启动继电器的 85、86 端子分别接蓄电池的正极、负极（可以交换），用万用表电阻挡测量 30、87 端子的电阻值，若电阻值趋近于 0，则表示继电器触点正常，否则表示损坏，需要更换。

4. 灯光开关损坏

灯光开关损坏，导致灯泡无法形成回路，造成灯泡不亮。

【处理方法】

检测灯光开关是否损坏。打开灯光开关,将万用表调至电阻挡,用万用表的正、负表笔接开关的进、出两个触点,观察读数。若读数趋近于 0,表示正常;否则表示损坏,需更换开关。

以图 10-12 所示的灯光系统电路为例,其灯光故障的诊断与排除流程如图 10-13 所示。

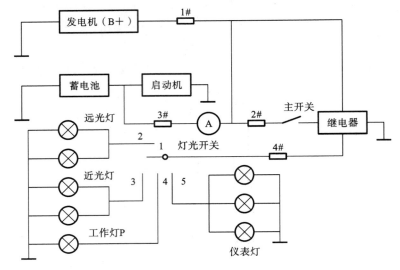

图 10-12　灯光系统电路

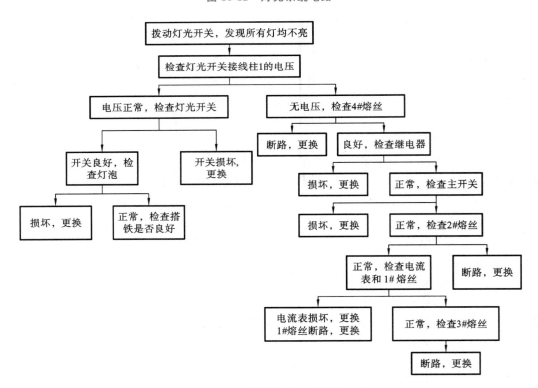

图 10-13　灯光故障的诊断与排除流程

项 目 总 结

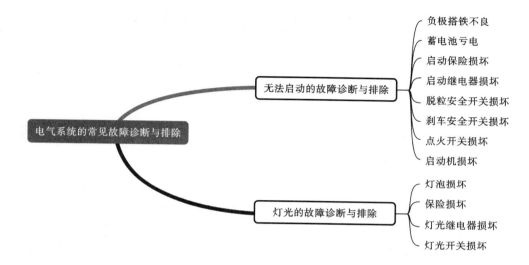

思考与练习

1. 画出联合收割机发动机无法启动的电路故障诊断流程图。
2. 画出联合收割机常见继电器的原理图，并说明其检测方法。
3. 简述蓄电池拆装的注意事项。
4. 为了进行夜间收割作业，客户准备加装一颗前照灯，请你帮忙设计其电路图。

项目 11
联合收割机的保养与维护

 项目描述

近年来,随着农村经济的发展,农业机械化发展速度加快,联合收割机的发展速度也越来越快。联合收割机具有质量轻、结构紧凑、操作维修方便的优点,能一次完成切割、脱粒、清选、切碎等,因而深受广大用户的青睐。但是,由于水稻、小麦的收割期短,单位时间机械使用强度大,因此正确使用和保养收割机才能在农忙季节大大降低机械故障率,使收割机的使用效率显著提高。

 教学目标

知识目标

1. 掌握发动机的维护保养方法。
2. 掌握变速器的维护保养方法。
3. 掌握联合收割机各零件及总成的保养周期及保养方法。

能力目标

1. 能够正确选用工具,并规范使用。
2. 能够独立规范完成联合收割机二级保养。

素质目标

1. 培养学农、知农、爱农情怀,热爱农机事业。
2. 培养学生团队协作、吃苦耐劳的精神。
3. 引导学生树立绿色环保意识,杜绝农业污染。

大国工匠——王树军

他是维修工,也是设计师,更像是永不屈服的斗士! 临危请命,只为国之重器不受制于人。他展示出中国工匠的风骨,在尽头处超越,在平凡中非凡,他就是——潍柴动力股份有限公司一号工厂机修钳工王树军。

王树军致力于中国高端装备研制,不被外界高薪诱惑,坚守打造重型发动机"中国心"。他攻克的进口高精加工中心光栅尺气密保护设计缺陷,填补国内空白,成为中国工匠勇于挑战进口设备的经典案例。他独创的"垂直投影逆向复原法",解决了进口加工中心定位精度为千分之一度的 NC 转台锁紧故障,打破了国外技术封锁和垄断。

所获荣誉:山东省十大"齐鲁工匠"、齐鲁首席技师、山东省有突出贡献技师、富民兴鲁劳动奖章、山东省省管企业道德模范。

任务 1　作业前的保养与维护

任务描述

联合收割机讲究"七分养、三分修",在作业前对水、电、液进行维护保养,能够大大降低联合收割机故障率。本任务主要学习发动机机油、变速箱油、链条驱动箱油、脱粒筒驱动箱油等常见油品的检查、补充、更换。

任务目标

1. 掌握联合收割机各部位的清扫方法。
2. 掌握联合收割机各部位的加油方法。
3. 掌握发动机机油、变速箱油、驱动箱油的检查、补充、更换方法。

准备工具

机油滤清器扳手 1 套、黄油枪 1 把、机油壶 1 个、手套 1 双、安全帽 1 个、套装工具 1 套、毛刷 1 把、毛巾 2 条、钢直尺 1 把。

知识要点

1. 机油滤清器扳手的使用。
2. 各部位的清扫。
3. 各部位的加油。
4. 发动机机油、变速箱油、驱动箱油的检查、补充、更换。

1.1　机油滤清器扳手

1. 杯式滤清器扳手

这种滤清器扳手类似一个大型套筒,拆卸不同车型的滤清器需要不同尺寸的扳手,在购买时多为组套形式配装。使用时将杯式滤清器扳手套在机油滤清器顶部的多棱面上,使用方法同套筒扳手,如图 11-1 所示。

每种尺寸的杯式滤清器扳手只能单一对应一种尺寸的机油滤清器,须配合使用,制造成本高,携带不方便,使用起来较麻烦。

2. 三爪式滤清器扳手

三爪式滤清器扳手内部设计有行星排传递机构,可根据机油滤清器大小自动调节三爪的大小,如图 11-2 所示。

图 11-1　杯式滤清器扳手　　　　　　　图 11-2　三爪式滤清器扳手

三爪式滤清器扳手仍须与套筒配合使用,一个三爪式的扳手可对应多种尺寸的机油滤清器,但是内部结构复杂,若损坏维修麻烦。

3. 环形滤清器扳手

环形滤清器扳手的结构为一个可调大小的环形,环形内侧设计为锯齿状,如图 11-3 所示。使用时将其套在滤清器顶部的棱面上,扳动手柄时扳手的环形会根据滤清器大小合适地卡在棱面上,顺利完成拆装工作。

图 11-3　环形滤清器扳手

环形滤清器扳手的特点是简单、方便,能对应多种尺寸的机油滤清器,无须与其他件配合使用,可提高工作效率。

4. 钳式滤清器扳手

这种滤清器扳手(见图 11-4)是钳子的改型产品,使用方法类似鲤鱼钳。钳式滤清器扳手的特点是简单、携带方便,但能对应的机油滤清器尺寸较少,是一种简易装置。

图 11-4 钳式滤清器扳手

5. 使用方法

(1)把机油滤清器拆装工具放在机油滤清器靠近端部的位置,然后逆时针用力,即可拆下。

(2)安装时反方向操作。

(3)在安装新机油滤芯时,应在密封圈上涂抹机油,增强密封性。

1.2 挠度

挠度是在受力或非均匀温度变化时,杆件轴线在垂直于轴线方向的线位移或板壳中面在垂直于中面方向的线位移,如图 11-5 所示。

挠度与荷载大小、构件截面尺寸以及构件材料的物理性能有关。

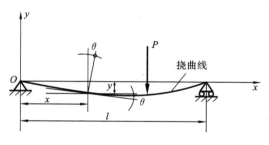

图 11-5 挠度

桥梁挠度大都采用百分表或位移计直接测量,当前在我国桥梁维护、旧桥安全评估或新桥验收中仍广泛应用。该方法的优点是设备简单,可以进行多点检测,直接得到各测点的挠度数值,测量结果稳定可靠。但是直接测量方法存在很多不足:该方法需要在各个测点拉钢丝或者搭设架子,所以桥下有水时无法进行直接测量;对跨线桥,由于受铁路或公路行车限界的影响,该方法也无法使用;跨越峡谷等的高桥也无法采用直接测量方法。另外,采用直接测量方法,无论布设还是撤销仪表都比较繁杂,耗时较长。

1.3 各部位的清扫方法

为预防发生收割机故障等异常情况,请对各个部位进行充分保养。

警告：

＊ 对各部位进行清扫和加油前，请务必关停发动机，将各类手柄置于［关］位置，使旋转部停止旋转。

＊ 拆下或打开了盖板的各旋转部有可能将衣服等卷入，引发危险，因此在清扫和加油后请务必将各盖板安装好。

＊ 小心各链条及割刀的刀刃，以免受伤。

注意：

＊ 在割台升起的状态下作业时，请将割台的安全锁具置于［锁定］位置，并同时使用枕木等以防止割台下降。

＊ 运行脱粒机时，请务必安装或关闭各类盖板。

＊ 有油洒落时，请擦拭干净。

＊ 蓄电池、消声器、发动机以及燃油箱的周围若有脏物或燃油，将会导致火灾，请及时清除。

＊ 对割刀或切刀进行清洁或加油时，请戴上手套小心作业，以免被刀刃割伤。

＊ 用水清洗时，请勿将水洒在电气元件上，否则会导致机器故障。

＊ 拆下的螺栓及螺母请务必紧固在原处，否则可能会导致故障。

补充：

＊ 清扫前请先将脱粒机内部充分干燥。内部如果潮湿，谷粒会附着在脱粒机内。

＊ 在湿田中作业后，请务必清除履带及其周围的泥土。

＊ 清扫结束后，请确认清扫口中已无谷粒残留，然后关闭或安装各类盖板。否则在下次收割作业时，谷粒会从清扫口漏出。

收割作业结束后，请完全排出集谷箱内的谷粒，然后运行脱粒机约 3 分钟，并将脱粒离合器手柄、收割离合器手柄置于［离］位置，再关停发动机。请对收割机各部位进行清扫，并清除残留的谷粒及草屑。清扫时，请打开或盖上各部位的盖板，或拆下清扫口盖板。

1. 脱粒部内

打开脱粒筒部后，请拆下上部、下部承网进行清扫。清扫后，请安装上部、下部承网，关闭脱粒筒部。脱粒部内部结构示意图如图 11-6 所示。

2. 皮带护罩内

（1）脱粒部左侧盖内。

拆下脱粒部左侧上、下盖以及切刀左侧盖后，拆下脱粒部左侧内盖 1、2 进行清扫，尤其注意皮带护罩内沉积的草屑的清扫（见图 11-7）。清扫后，请安装各类盖板。

（2）脱粒部前盖内。

拆下脱粒部前盖后，对脱粒部前盖内进行清扫（参照脱粒筒驱动皮带的检查、调整一项）。清扫结束后，请装上脱粒部前盖。

3. 输送链条末端、排草传送部

请打开脱粒筒部进行清扫，参见图 11-8。清扫结束后，请关闭脱粒筒部。

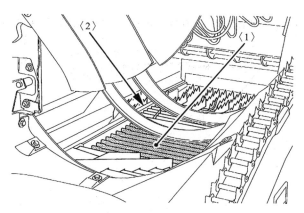

图 11-6　脱粒部内部结构示意图

1—筛选板；2—筛选箱

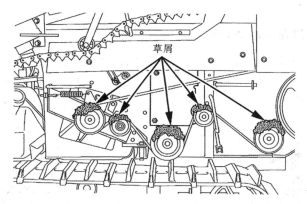

图 11-7　皮带护罩内沉积的草屑

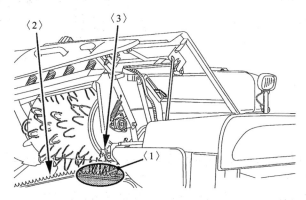

图 11-8　输送链条末端及排草传送部

1—输送链条末端　2—输送链条　3—排草茎根链条（排草传送部）

4. 1 号水平搅龙上部左侧清扫口

请拆下脱粒部左侧上盖、下盖，拆下螺母、平垫圈，然后拆下 1 号水平搅龙上部的清扫口盖板进行清扫,参见图 11-9。清扫结束后,请装上清扫口盖板,然后装上脱粒部左侧上盖、下盖。

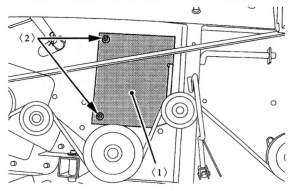

图 11-9　1 号水平搅龙上部左侧清扫口

1—1 号水平搅龙上部左侧的清扫口盖板　2—螺母、平垫圈

5. 1、2 号水平搅龙下部清扫口

请拆下脱粒部左侧上盖、下盖,将清扫口开闭把手倒向左侧,从收起位置向面前拉出,然后倒向右侧,再打开 1、2 号水平搅龙下部的清扫口开闭盖板(底盖),参见图 11-10。清扫结束后,请将清扫口开闭把手扳回到收起位置,然后再装上脱粒部左侧上盖、下盖。

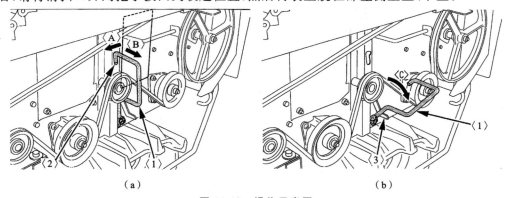

（a）　　　　　　　　　　　　　　　（b）

图 11-10　操作示意图

1—清扫口开闭把手　2—收起位置　3—刹车挡

A—倒向左侧　B—向胸前拉出　C—倒下直到接触撑杆为止

注意:

＊ 不使用清扫口开闭把手时,请将其置于收起状态。否则在行走时清扫口开闭盖板会打开,从而导致盖板损坏。

＊ 为了防止谷粒漏出,请将清扫口开闭把手向下压,直到清扫口关闭为止。请除去履带上附着的泥土,否则泥土会黏到清扫口开闭盖板上,导致无法开闭。

6. 1、2 号搅龙清扫口

(1) 1 号垂直、水平搅龙清扫口。

请拆下螺栓,然后拆下 1 号垂直、水平搅龙清扫口盖板进行清扫,参见图 11-11。清扫结束后,请将清扫口盖板装回原处。

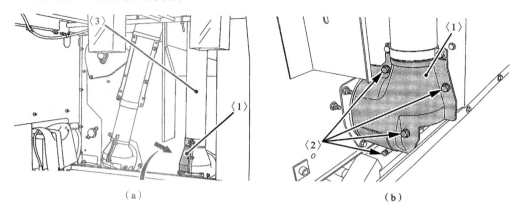

（a）　　　　　　　　　　　　　　　　　（b）

图 11-11　1 号垂直、水平搅龙清扫口

1—1 号垂直、水平搅龙清扫口盖板　2—螺栓　3—1 号垂直搅龙箱

注意:

* 请切实将清扫口盖板安装到位。如果留有间隙,可能会导致谷粒漏出。

（2）2 号垂直、水平搅龙清扫口。

请拆下螺栓,然后拆下 2 号垂直、水平搅龙清扫口盖板进行清扫,参见图 11-12。清扫结束后,请将清扫口盖板装回原处。

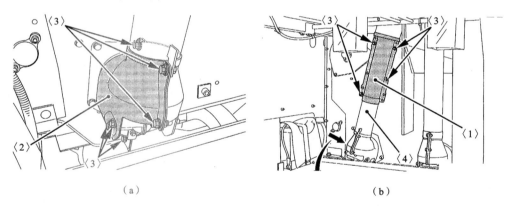

（a）　　　　　　　　　　　　　　　　　（b）

图 11-12　2 号垂直、水平搅龙清扫口

1—2 号垂直搅龙清扫口盖板　2—2 号垂直、水平搅龙清扫口盖板　3—螺栓　4—2 号垂直搅龙箱

7. 筛选箱后部（3 号出口）

请打开切刀部进行清扫,参见图 11-13。清扫结束后,请关闭切刀部。

8. 切刀部内

请打开切刀切换盖进行清扫,参见图 11-14。清扫时,尤其应将切刀切断轴上缠绕的秸秆全部清除。清扫结束后,请关闭切刀切换盖。

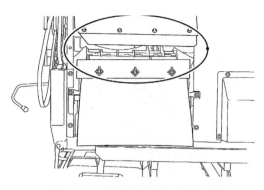

图 11-13　筛选箱后部(3 号出口)

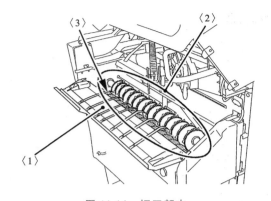

图 11-14　切刀部内

1—切刀切换盖　2—切刀部缠绕的秸秆　3—切刀切断轴

9. 集谷箱内

请转动锁紧把手打开清扫口开闭盖板,然后拆下螺栓及金属网进行清扫,参见图 11-15。清扫结束后请安装金属网,然后关闭开闭盖板,转动锁紧把手将盖板锁定。

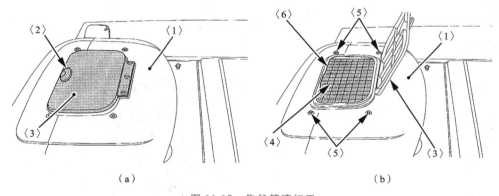

（a）　　　　　　　　　　　　（b）

图 11-15　集谷箱清扫口

1—集谷箱　2—锁紧把手　3—开闭盖板　4—金属网　5—螺栓　6—集谷箱上部清扫口

清扫结束后,请务必将打开或拆下的清扫口盖板和安全护罩等关好或装回原处。

1.4　各部位的加油方法

警告:

　　＊ 请勿将手或胳膊等身体部位靠近旋转部件或活动部分,否则可能会被卷入,导致人员受伤。尤其是在收割机运行、使用加油壶加油或加油后进行确认时,请充分注意。

　　＊ 请收紧衣服的袖口,切勿佩戴头巾、围巾及在腰部缠绕毛巾。否则会因被链条卷入而导致受伤。

注意:

　　＊ 发动机启动时或操作作业开关时,请先通过鸣响喇叭等方式提醒周围人员注意。

＊ 在割台升起的状态下作业时，请使用枕木等防止割台下降。

联合收割机各部位的清扫结束后或者收割作业开始之前，请向各部位加油或涂抹黄油。加油时请使用附带的加油壶。

1. 加油方法

在平坦的场所将割台降至地面后，挂上停车刹车。请在发动机停止的状态下对各链条加油。加油后请再次启动发动机，并慢慢操作割台和脱粒部。然后关停发动机，确认各链条上是否上满油。如果加油不足，请反复加油直到上满油为止。

请用加油壶手动对各链条和旋转部位加油。

补充：

＊ 在寒冷的地区，请在气温高的白天加油。

＊ 在加油前，请将缠绕在各链条部位的草屑和脏物清除干净。

具体步骤如下。

(1) 在发动机停止的状态下，对各链条及旋转部位加油。（对排草穗端链条加油时，请先启动发动机，使脱粒部处于运行状态。）

(2) 加油后启动发动机，将收割离合器手柄及脱粒离合器手柄置于［合］的位置，然后启动收割和脱粒各部分。

(3) 操作油门手柄，使发动机低速运行，然后关停发动机。

(4) 反复加油，直到各链条供油均匀。

2. 加油部位

(1) 割刀。

使用黄油枪涂抹适量黄油至割刀动刀与定刀之间的间隙中，参见图 11-16。

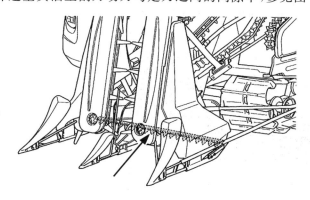

图 11-16   割刀

(2) 扶禾驱动链条。

使用机油喷壶，从扶禾链条盖的加油口加注适量的机油，参见图 11-17 和图 11-18。

(3) 茎根供给链条、穗端供给链条、输送链条。

请从加油口向穗端供给链条加注适量的机油，相关结构位置如图 11-19 所示。

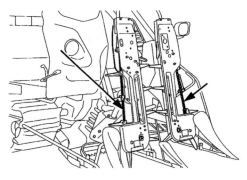

图 11-17　扶禾驱动链条

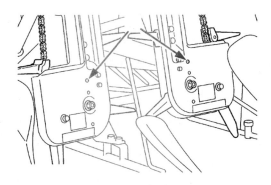

图 11-18　加油口

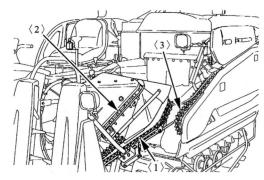

图 11-19　穗端供给链条加油口

1—茎根供给链条　2—穗端供给链条　3—输送链条　4—加油口

（4）排草茎根链条张紧部（排草张紧架）。

使用软毛刷蘸适量机油，均匀刷在链板与套筒连接部位；启动发动机，使排草茎根链条低速运转，关停发动机，再次使用以上方法加注机油。相关结构位置如图 11-20 所示。

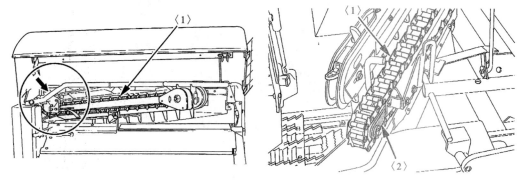

图 11-20　排草茎根链条

1—排草茎根链条　2—排草张紧架

（5）排草穗端链条。

启动发动机后，请在使脱粒部中速运转的状态下，拆下脱粒部顶盖后方的加油口盖加油，参见图 11-21。

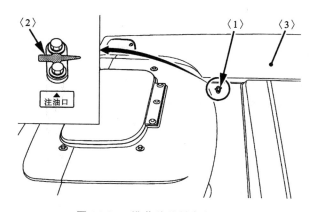

图 11-21　排草穗端链条加油口

1—排草穗端链条加油口　2—加油口盖　3—脱粒部顶盖

3. 黄油涂抹位置

（1）履带张紧螺栓（左、右）。

调整履带张力之前，请先涂抹黄油，参见图 11-22。

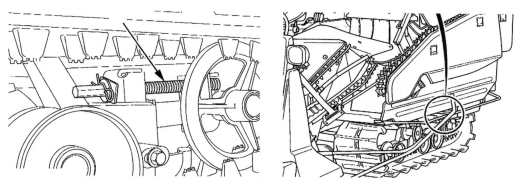

图 11-22　张紧螺栓

（2）滑动导杆，参见图 11-23。

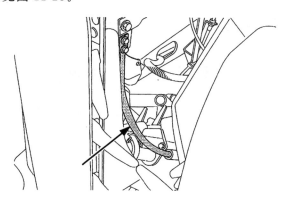

图 11-23　滑动导杆

161

1.5　定期检查

定期检查是指进行收割作业的人员定期对收割机进行检查。

收割机会因使用时间和使用状况而逐渐老化,其结构和装置的性能也会逐渐降低。若置之不理,可能会引发故障或事故,进而缩短收割机寿命。因此,应对收割机进行定期检查,以使收割机随时都能充分发挥所具有的性能。

警告:

* 对各部位进行调整、检查、更换之前,请务必关停发动机,并将各操作手柄置于[停止]位置,使旋转部停止转动。

* 拆下了盖板的各旋转部有可能将衣物等卷入,引发危险,因此检查后务必将各盖板安装好。

注意:

* 进行检查或作业时,挂上停车刹车,并将割台降至最低位置。

在割台升起的状态下作业时,请将割台的安全锁具置于[锁定]位置,以防止割台下降。此外,还应采取垫入枕木等防止割台下降的措施。

* 因检查发动机舱内部而打开发动机舱盖时,请待发动机充分冷却、确认已无烫伤的危险后再进行检查。

* 燃油及机油的补充和更换过程中严禁烟火。

* 对割刀或切刀进行清洁或加油时,请戴上手套小心作业,以免被刀刃割伤。

* 请将收割机停放在平坦且周围没有草屑等易燃物的场所。蓄电池、消声器、发动机的周围如果有脏物或燃油,将会导致火灾。

* 燃油、机油如有溢出,请擦拭干净。

补充:

* 检查及更换周期受使用条件和环境的影响很大,因此请依定期标准适当提早进行检查。

1. 油类、滤清器类的更换和链条、皮带、履带的张力调整

(1)新车时由于收割机的转动、滑动部分的各种零件尚未充分磨合,在磨合运行期间会产生细小的金属粉末,可能会导致零件的过度磨损,因此,油类、滤清器类在初期运行 50 h后就应该更换。

(2)链条、皮带和履带在磨合运行期间会发生初期伸长,因此请在初始运行 20 h 或 50 h后进行张力调整。(更换新品后也同样处理。)

2. 废弃物处理

随便丢弃、焚烧废弃物会造成环境污染,可能被依法处罚。处理废弃物时应注意下列事项:

（1）从收割机排放废液时，请用容器盛装。

（2）请勿使废液流淌到地面上或河流、湖泊、海洋中。

（3）废弃或焚烧废油、燃油、冷却水（防冻液）、制冷剂、溶剂、滤清器、蓄电池、橡胶类及其他有害物质时，按照规定的方法进行处理。

3. 洗车时的注意事项

如果高压洗车机的使用方法不当，将会造成人员受伤，或损坏、损伤机器，使机器发生故障。因此，请根据高压洗车机的使用说明书和标签的内容，正确使用。

洗车时，为了避免损伤机器，请使清洗喷嘴扩散喷水，并保持 2 m 以上的距离，相关标识如图 11-24 所示。如果直接喷射或以不适当的近距离洗车，则会：

（1）因电气配线的保护层损伤或断线而引发火灾。

（2）因液压软管损伤而导致高压油喷出，造成人员受伤。

（3）导致机器损坏、损伤，使机器发生故障。如：

① 密封、标签的脱落。

② 电气元件、发动机、散热器舱内、驾驶室内进水而导致的故障。

③ 履带、轮胎、油封等橡胶制品、装饰面板等的损坏。

④ 涂装层、电镀层的脱落。

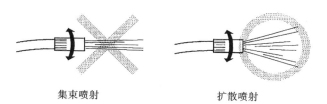

集束喷射　　　　　　扩散喷射

（a）严禁集束水流喷射洗车

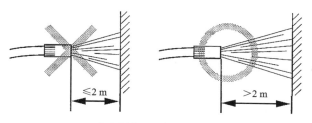

≤2 m　　　　　　　>2 m

（b）严禁近距离洗车

图 11-24　高压洗车标识

4. 定期检查一览表

收割机定期检查项目参见表 11-1。

表 11-1　收割机定期检查一览表

检查项目		检查、处理/更换	检查、更换周期 （小时表显示的时间）	备注
发动机部	风扇驱动皮带	调整	初次或更换新品：20 小时后，此后每 100 小时	
		更换	每 300 小时	
	空气滤清器滤芯	清扫	每 100 小时	
		更换	每 300 小时（第 6 次检查、清扫时更换）	
	进气管 （空气滤清器）	紧固	每 150 小时或 6 个月，按先到的时限进行更换	
		更换	每 500 小时或 2 年，按先到的时限进行更换	
	进气歧管	检查	每 200 小时	
	燃油滤清器滤芯	清扫	每 100 小时	
		更换	每 400 小时	
	机油滤清器滤芯	更换	初次：50 小时，此后每 200 小时 （第 2 次更换发动机机油时一起更换）	
	燃油软管	紧固	每 150 小时或 6 个月，按先到的时限进行检查、处理	
		更换	每 300 小时或 2 年，按先到的时限进行更换	
	燃油滤网	清扫	每 100 小时	
	排油橡胶软管	紧固	每 150 小时或 6 个月，按先到的时限进行检查、处理	
		更换	每 300 小时或 2 年，按先到的时限进行更换	
	散热器软管	紧固	每 150 小时或 6 个月，按先到的时限进行检查、处理	
		更换	每 300 小时或 2 年，按先到的时限进行更换	
	各软管、配管 的紧固卡箍	检查	每 200 小时	
		更换	每 300 小时或 2 年，按先到的时限进行更换	
	排水软管	紧固	每 150 小时或 6 个月，按先到的时限进行检查、处理	
		更换	每 300 小时或 2 年，按先到的时限进行更换	
	防尘网、散热器的散热片、机油冷却器的散热片	清扫	每 50 小时	
	油门钢索	更换	每 300 小时	
	发动机熄火钢索	更换	每 300 小时	
	小时表软轴	更换	每 300 小时	
行走、操作部	变速箱驱动皮带	调整	初次或更换新品：20 小时后，此后每 100 小时	
		更换	每 300 小时	
	停车刹车	调整	每 50 小时	

续表

检查项目		检查、处理/更换	检查、更换周期 （小时表显示的时间）	备注
行走、操作部	液压转向杆钢索	调整	初次或更换新品：50 小时后，此后每 100 小时	
		更换	每 300 小时	
	收割升降钢索	调整	初次或更换新品：50 小时后，此后每 100 小时	
		更换	每 300 小时	
	收割变速钢索	调整	初次或更换新品：50 小时后，此后每 100 小时	
		更换	每 300 小时	
	HST、变速箱机油滤清器滤芯	更换	初次：50 小时后，此后每 200 小时 （第 3 次更换变速箱、HST 机油时一起更换）	
	履带	调整	初次或更换新品：50 小时后，此后每 100 小时	
		更换	每 300 小时	
	反射器	更换	损坏时	
	车轴、滚轴、后轮各油封、滚珠轴承	更换	每 500 小时或 2 年，按先到的时限进行更换	
	滚轮、驱动链轮	更换	每 300 小时	
	履带导轨（前、后）	更换	每 300 小时	
割台	收割驱动皮带	调整	初次或更换新品：20 小时后，此后每 100 小时	
		更换	每 300 小时	
	辅助传送（齿形）皮带	调整	初次或更换新品：20 小时后，此后每 100 小时	
		更换	每 500 小时	
	扶禾链条	更换	在自动张紧机构的棘齿末端更换	
	扶禾链条驱动链条	更换	每 300 小时	
	扶禾滚轮	更换	每 500 小时	
	右扶禾驱动链条	更换	每 300 小时	
	穗端供给链条	检查	初次或更换新品：50 小时后，此后每 100 小时	
		更换	每 300 小时	
	穗端供给传送链条	更换	每 300 小时	
	茎根供给链条	检查	初次或更换新品：50 小时后，此后每 100 小时	
		更换	每 300 小时	
	割刀	调整	初次或更换新品：50 小时后，此后每 100 小时	
		更换	每 200 小时	

	检查项目	检查、处理/更换	检查、更换周期 (小时表显示的时间)	备注
割台	割刀驱动轴承、 割刀曲柄轴承	更换	每 500 小时	
	茎根传感器	更换	每 500 小时	
	穗端传感器(上、下)	更换	每 500 小时	
	拨入轮	调整	更换拨入轮,或在分解调整后调整扭矩限制器	
		更换	每 500 小时	
脱粒部	脱粒驱动皮带	调整	初次或更换新品:20 小时后,此后每 100 小时	
		更换	每 300 小时	
	脱粒筒驱动皮带	调整	初次或更换新品:20 小时后,此后每 100 小时	
		更换	每 300 小时	
	脱粒筒箱驱动皮带	调整	初次或更换新品:20 小时后,此后每 100 小时	
		更换	每 300 小时	
	1号搅龙、2号搅龙、振动 筛、输送链条驱动皮带	调整	初次或更换新品:20 小时后,此后每 100 小时	
		更换	每 300 小时	
	输送链条	调整	初次或更换新品:50 小时后,此后每 100 小时	
		更换	每 500 小时	
	排草穗端链条	检查	初次或更换新品:50 小时后,此后每 100 小时	
		更换	每 300 小时	
	排草茎根链条	更换	每 300 小时	
	排草输入链条	检查	初次或更换新品:50 小时后,此后每 100 小时	
		更换	每 300 小时	
	切草刀	更换	每 200 小时	
	脱粒齿	更换	每 300 小时	
	前部承网	更换	每 300 小时	
	后部承网	更换	每 500 小时	
	1号垂直搅龙	更换	每 500 小时	
	1号搅龙	更换	每 500 小时	
	2号垂直搅龙	更换	每 500 小时	
	2号搅龙	更换	每 500 小时	
	2号垂直搅龙箱	更换	每 500 小时	
	前部帆布	更换	损坏时	
	出谷口护罩	更换	损坏时	

续表

检查项目		检查、处理/更换	检查、更换周期 （小时表显示的时间）	备注
切刀部	切刀驱动皮带	调整	初次或更换新品：20 小时后，此后每 100 小时	
		更换	每 300 小时	
	刀齿	调整	每 50 小时	
		更换	每 200 小时	
	供给轴和切断轴的螺母	加固	初次：50 小时后，此后每 200 小时	
电气元件	蓄电池	充电	指示器显示黑色时	
		更换	指示器显示白色时	
	线束、蓄电池导线	检查	每 50 小时	
		更换	损坏时	
	保险丝、慢熔保险丝	检查	每 100 小时	
		更换	损坏时	
	指示灯（灯泡）	检查	每 100 小时	
		更换	损坏时	
	喇叭开关	检查	每 100 小时	
		更换	损坏时	

重要事项：

＊ 因作业、作物条件以及维护（保养和检查）情况的差异，表 11-1 中的时间可能也会有所差异。

＊ 更换各皮带、链条、钢索后，请务必在磨合运行后进行检查和调整。

＊ 表 11-1 中所示为收割普通短粒作物时的参考时间。收割谷粒非常硬的作物（长粒品种等）时，各部位的磨损和损耗会更快，因此调整和更换的周期应比表中所示时间更短些（根据条件不同，有时差异会很大）。

1.6　燃油、机油、黄油的检查、补充和更换

注意：

＊ 补充或更换机油时请勿靠近明火，否则可能引发火灾。

＊ 补充或更换燃油及机油后，请务必将洒落的燃油或机油拭擦干净。

重要事项：

＊ 检查前请将收割机停放到平坦的场所再进行作业。如果收割机倾斜，则不能正确测量油量。

＊ 为防止收割机故障，请遵守下列事项。

（1）请勿使用废油。

（2）补充机油时，所补充的机油务必要与原来所使用的机油为同一厂家、同等品质（黏度等）。若要使用不同厂家、不同品质（黏度）的机油，请先将原来的机油全部排出，全部更换

为新油。

（3）补充或更换燃油及机油时，为防止垃圾等异物混入，请对加油口附近进行清洁。注意不能让垃圾等异物从加油口混入。

（4）补充的油量请不要超过规定量的上限。

补充燃油前，请先将收割机停放到平坦场所，关停发动机后再进行作业。当燃油箱内的燃油剩余量在 2.5 L 左右时，警报显示仪表盘的燃油警报指示灯点亮，参见图 11-25。

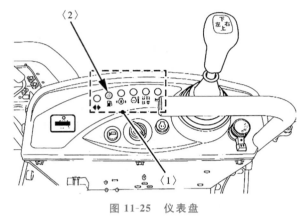

图 11-25　仪表盘

1—警报显示仪表盘　2—燃油警报指示灯

补充：

＊ 即使燃油警报指示灯点亮，警报蜂鸣器也不会鸣响，因此应注意避免燃油用尽。

＊ 当联合收割机倾斜时，燃油剩余量可能会多于或少于 2.5 L，因此请注意燃油警报指示灯的正确显示。

补充燃油时，请旋下燃油盖，参见图 11-26。补充结束后再将燃油盖盖上。请勿取下加油口的燃油滤网，否则可能会有垃圾等异物混入燃油箱，导致发动机故障。

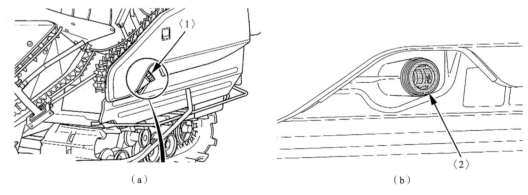

（a）　　　　　　　　　　　　　　　　　（b）

图 11-26　加油口

1—燃油盖　2—燃油滤网

如果所补充的燃油中混入不纯物质，或者燃油箱内有铁锈等异物混入，请将燃油箱内的燃油全部排出，并且彻底清洗燃油箱，直至异物完全清除。另外，在加入新燃油之前，请清洗燃油滤清器滤芯。

1.7　发动机机油的检查、补充、更换

注意：

＊更换发动机机油之前，请务必关停发动机，等发动机充分冷却后再开始作业，否则可能会导致烫伤。

发动机停止后，等待 30 分钟以上，然后打开发动机舱盖。检查、补充、更换发动机机油以后，请关闭发动机舱盖。

重要事项：

＊发动机机油的补充量请不要超过油尺的上限，同时，也不要在油量低于下限时运行发动机，否则会引起发动机故障。

1. 检查、补充

检查前，先拔下油尺，将端部拭擦干净。然后重新将油尺插入到底，再拔出，确认油尺的上限和下限之间有无发动机机油，参见图 11-27。油量不足时，请拔下加油塞，从加油口将发动机机油补充到规定的量。

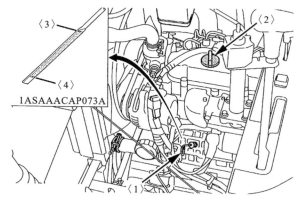

图 11-27　发动机机油检查

1—油尺　2—加油塞（加油口）　3—上限　4—下限

2. 更换

（1）排油方法。

① 旋下加油塞。

② 旋下排油螺栓（见图 11-28），从排油口排出机油。

③ 装上排油螺栓。

重要事项：

＊若忘记旋上排油螺栓，会发生漏油情况，可能导致履带老化或发动机故障。

（2）加油方法。

① 从加油口补充规定量的机油，然后紧固加油塞。

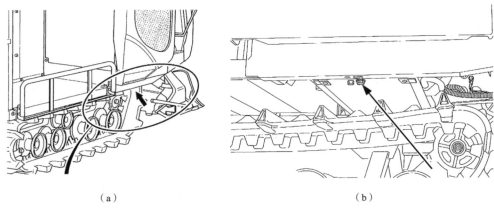

（a）   （b）

图 11-28   排油螺栓（排油口）

重要事项：

　　＊若使用非指定的机油，可能会造成发动机输出功率降低、发动机机油异常消耗或老化，从而导致发动机故障。收割机发动机常用机油种类和油量见表 11-2。

表 11-2   机油种类及规定油量

机油的种类	规定油量（参考）
SAE 10W-30 或 15W-40	上限标线 3.2 L 下限标线 2.2 L

　　② 启动发动机，在怠速状态下运行 1 分钟左右。

　　③ 关停发动机，等待 5 分钟以上，然后检查机油油量。

　　④ 若机油油量不足，请补充到规定量。

1.8   HST、变速箱机油的检查、补充、更换

警告：

　　＊检查、补充、更换变速箱机油时，请升起割台，将割台的安全锁具置于［锁定］位置，以防止割台下降。此外，还应采取垫入枕木等防止割台下降的措施。

　　升起割台后，采取防止割台下降的措施，然后关停发动机。变速箱部的相关结构示意图参见图 11-29 和图 11-30。

1. 检查、补充

　　旋下检油塞，若机油从检油口溢出则为正常。若油量不足，请卷起供给帆布，从加油口进行补充。

2. 更换

（1）排油方法。

　　旋下加油塞，然后再旋下排油螺栓，将机油排出。

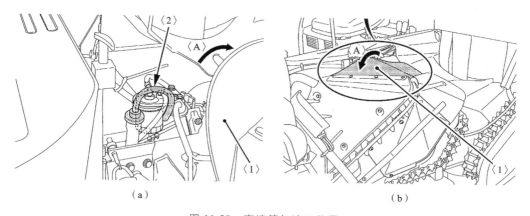

图 11-29　变速箱加油口位置

1—供给帆布　2—加油塞(加油口)　A—卷起供给帆布

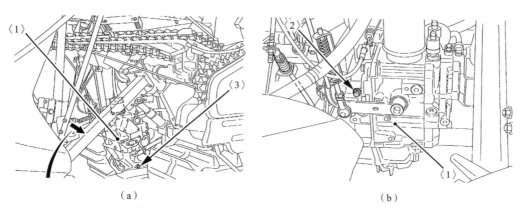

图 11-30　变速箱结构示意图

1—变速箱　2—检油塞(检油口)　3—排油螺栓(排油口)

（2）加油方法。

旋紧排油螺栓,从加油口将机油补充至规定的量,直到机油从检油口溢出,然后旋紧检油塞,再旋紧加油塞。

重要事项:

＊ 加油后,使发动机以怠速状态运转 1 分钟左右,然后关停发动机,等待 5 分钟以上,再次进行检查。油量不足时,请补充到规定量。

＊ 规定油量是指出厂时的油量。由于软管内等处会有油积存,更换机油时的实际加油量会略有减少,因此加油时请加至检油口处有油溢出为止。

1.9　输送链条驱动箱机油的加注

警告:

＊ 不慎接触脱粒筒内部高速旋转的脱粒齿,会导致受伤。因此,打开脱粒筒部时,请务必关停发动机。

给输送链条驱动箱加注机油的步骤如下,相关结构位置参见图 11-31。

(1) 打开脱粒筒部。

(2) 拆下脱粒部左侧上盖、下盖,然后拆下脱粒部左侧内盖 1。

(3) 拆下脱粒部左侧内盖 2。

(4) 拆下加油塞,补充适量的机油。

(5) 安装脱粒部左侧内盖 2,然后安装脱粒部左侧内盖 1。

(6) 安装脱粒部左侧上盖、下盖。

(7) 关闭脱粒筒部。

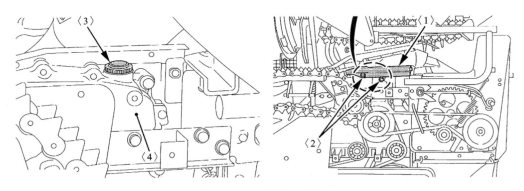

图 11-31　输送链条驱动箱

1—脱粒部左侧内盖 2　2—螺栓　3—加油塞(加油口)　4—输送链条箱

1.10　脱粒筒驱动箱机油的加注

(1) 先拆下螺栓,然后拆下脱粒筒驱动箱的上盖,参见图 11-32。

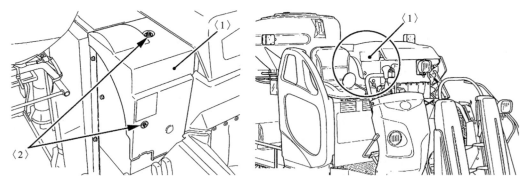

图 11-32　脱粒筒驱动箱

1—上盖　2—螺栓

(2) 拆下加油塞,补充适量的机油(约 0.15 L),参见图 11-33。

(3) 先安装加油塞,然后安装脱粒筒驱动箱的上盖。

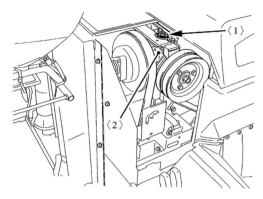

图 11-33　脱粒筒驱动箱加油口

1—加油塞(加油口)　2—脱粒筒驱动箱

任务 2　作业中的保养与维护

任务描述

联合收割机在作业过程中,由于工作环境较为恶劣,需要对轴承、散热器、空气滤清器等部件进行保养与维护,降低故障发生率。本任务主要学习轴承黄油的加注、散热器的检查、空气滤清器的检查、清扫、更换。

任务目标

1. 掌握轴承黄油的加注方法。

2. 掌握散热器冷却水的检查、补充、更换方法。

3. 掌握空气滤清器的检查、清扫、更换方法。

准备工具

联合收割机 1 台、黄油枪 1 把、安全帽 1 个、套装工具 1 套、毛刷 1 把、毛巾 2 条。

知识要点

1. 轴承黄油的加注。

2. 散热器冷却水的检查、补充、更换。

3. 空气滤清器的检查、清扫、更换。

2.1　收割轴承部黄油的补充

请通过黄油嘴给收割轴承部加注黄油。如图 11-34 所示,请先将割台降低到与地面接触,然后卷起供给帆布,补充黄油。

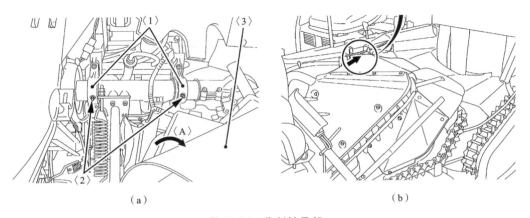

（a）　　　　　　　　　　（b）

图 11-34　收割轴承部

1—收割轴承部　2—黄油嘴　3—供给帆布　A—卷起供给帆布

2.2　散热器冷却水的检查、补充、更换

注意：

* 如果在发动机运行中或刚停止时打开散热器盖，可能会有热水喷出，导致烫伤。

* 防冻液不能混用不同厂家的产品。

1. 检查、补充

打开发动机舱盖后，确认备用水箱的水量是否位于［LOW］（下限）和［FULL］（上限）之间。若水位低于［LOW］（下限），请打开备用水箱盖，向水箱中补充清水。检查、补充结束后，请关闭发动机舱盖。相关结构参见图 11-35。

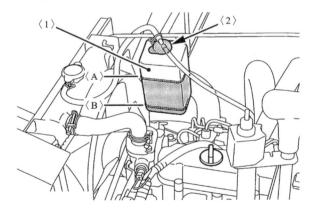

图 11-35　备用水箱

1—备用水箱　2—水箱盖　A—［FULL］（上限）　B—［LOW］（下限）

重要事项：

* 冷却水因自然蒸发而水量不足时，请务必补充清水。若补充防冻液，会造成浓度过高，可能导致发动机或散热器故障。

　　* 没有清水时,请使用自来水烧沸 30 分钟后的蒸馏水。不能使用河水、池水、井水、雨水等含有杂质的水,否则会引起发动机故障。

　　* 加水量请勿超过[FULL](上限)的标线。

2. 更换

　　(1)拆下卡箍、橡胶盖,然后拆下散热器盖,排出散热器冷却水,参见图 11-36。

　　(2)拆下备用水箱盖(带吸管),然后将备用水箱朝上方拔出,排出备用水箱中的冷却水。

　　(3)用自来水清洗,直到把脏物和锈蚀清除干净。

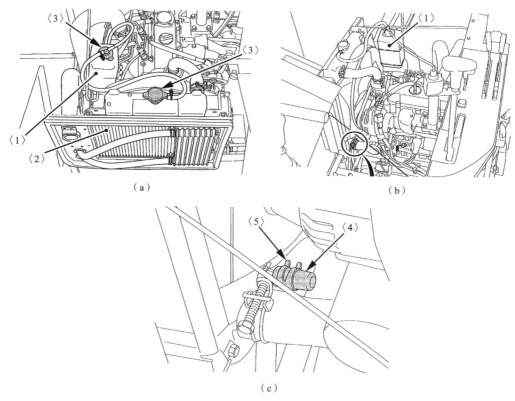

（a）　　　　　　　　　　　　　　（b）

（c）

图 11-36　备用水箱与散热器相关结构
1—备用水箱　2—散热器　3—水箱盖　4—橡胶盖(排水口)　5—卡箍

　　(4)装上备用水箱。

　　(5)装好橡胶盖并用卡箍固定后,按照目标温度(室外气温)向散热器和备用水箱中加入适当比例(混合比)的防冻液。

　　重要事项:

　　* 若防冻液的混合比不当,冬季时冷却水可能会冻结,夏季时可能导致发动机故障及散热器损坏。

　　* 使用防冻液时,请勿加入散热器保洁剂。因为防冻液中含有防锈剂,若混入保洁剂,

会对发动机零件造成不良影响。

* 防冻液(长效冷却液)具有有效期限,超过有效期限后请务必更换为新品。

* 若忘记塞好排水塞,则会发生漏水,可能会导致发动机烧结。

补充:

* 防冻液有降低结冰温度的效果,可以防止寒冷时冷却水结冰,避免发动机损坏。

* 越冷的地区防冻液的混合比越高,可参照表 11-3 确定混合比。另外,防冻液请使用乙二醇(EG)类长效冷却液。

表 11-3 防冻液混合比例表

室外气温 /℃		−5	−8	−11.5	−15	−20	−25	−30	−35	−43
比例	水/(%)	85	80	75	70	65	60	55	50	45
	防冻液/(%)	15	20	25	30	35	40	45	50	55

* 出厂标准:防冻液 35%。

* 散热器容量:3.3 L;备用水箱容量:0.2 L。

* 更换新的冷却水后,请务必加入防冻液,使发动机空转 5 分钟,以促进防冻液混合,然后再确认备用水箱的水量。

(6)分别装好散热器盖和备用水箱盖。

(7)关闭发动机舱盖。

2.3 空气滤清器的检查、清扫、更换

清扫或更换空气滤清器的滤芯时,请在打开发动机舱盖后,解除卡扣的锁定,取出集尘杯。清扫或更换后,请装回集尘杯,并关闭发动机舱盖。

1. 集尘杯的拆卸

(1)打开发动机舱盖。

(2)拆下螺栓,然后拆下固定件。

(3)从散热器支架上拔下进气管,参见图 11-37。

(4)将空气滤清器的集尘杯从侧面向近前拉,在此状态下解除卡扣的锁定,拆下集尘杯,参见图 11-38。

2. 检查、清扫、更换

请检查、清扫或更换滤芯(见图 11-39)。清扫滤芯时,应从滤芯的内侧使用压缩空气喷吹,或轻轻晃动滤芯以去除脏物。脏污严重或使用时间达到 300 h 时,请更换滤芯。

重要事项:

* 空气滤清器采用干式滤芯,因此请勿向滤芯涂抹机油。

* 如果在空气滤清器被灰尘堵塞的状态下继续运行,可能会造成发动机输出功率降

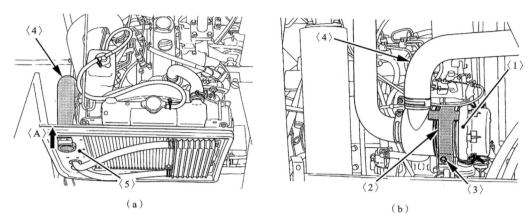

〈4〉   〈A〉   〈5〉   (a)

〈4〉   〈1〉   〈2〉   〈3〉   (b)

图 11-37   空气滤清器相关结构位置

1—空气滤清器   2—固定件   3—螺栓   4—进气管   5—散热器支架

A—拔下

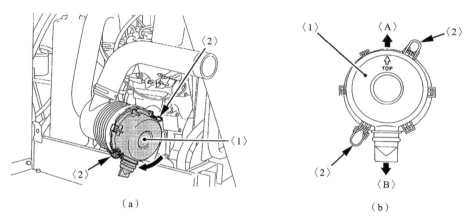

〈2〉   〈1〉   〈2〉   (a)

〈1〉   〈A〉   〈2〉   〈2〉   〈B〉   (b)

图 11-38   集尘杯

1—集尘杯   2—卡扣

A—上方   B—下方

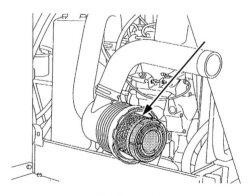

图 11-39   滤芯

低、发动机机油异常损耗或老化,从而引起发动机故障。请务必在每天运行前进行检查。

＊滤芯应轻拿轻放,以免损坏。尤其是在清扫时,不得敲打滤芯或与硬物碰撞,否则会导致滤芯变形,引起发动机故障。

＊安装滤芯后,请注意集尘杯的安装方向。

＊安装集尘杯时,请注意不要倾斜。如果在倾斜的状态下安装,将会导致灰尘从缝隙中进入,引起发动机故障。

＊清扫滤芯时,请注意压缩空气的压力不得超过 205 kPa(2.1 kgf/cm^2),并使气枪喷嘴与滤芯之间保持适当的距离。另外,应从滤芯的内侧向外侧喷吹空气。

补充:

＊检查完空气滤清器后,请捏住集尘杯负压阀的前端(见图 11-40),将集尘杯中的灰尘排出。

3. 安装方法

请按照与拆卸时相反的步骤安装。

注意:

＊安装集尘杯时,请将[TOP]字样朝上安装,参见图 11-38(b)。

＊安装固定件时,请用固定件的挂钩部钩住机架侧的长孔,参见图 11-41。

＊请将进气管插入散热器支架孔。

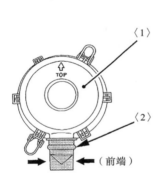

图 11-40　集尘杯负压阀

1—集尘杯　2—负压阀

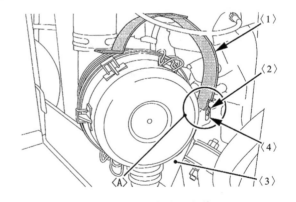

图 11-41　固定件的安装

1—固定件　2—挂钩部　3—机架　4—长孔　A—钩住

任务 3　作业后的保养与维护

任务描述

联合收割机经过一季工作的磨损,软管、散热器、燃油滤清器、连杆、皮带等易损件需要保养维护,以便来年能够保持正常高效工作。本任务主要学习各类软管的检查、更换,燃油滤清器的更换,各类连杆的检查、调整,皮带的检查、调整、更换。

任务目标

1. 掌握各类软管的检查、更换方法。

2. 掌握防尘网、散热器散热片、机油冷却器散热片的清扫方法。

3. 掌握各类连杆的检查、调整方法。

4. 掌握各类皮带的检查、调整、更换方法。

准备工具

联合收割机 1 台、安全帽 1 个、套装工具 1 套、毛刷 1 把、毛巾 2 条。

知识要点

1. 各类软管的检查、更换。

2. 防尘网、散热器散热片、机油冷却器散热片的清扫。

3. 各类连杆的检查、调整。

4. 各类皮带的检查、调整、更换。

3.1　配管、软管类的检查、更换

注意:

＊ 运行过程中若散热器软管脱落,可能会有热水喷出,造成烫伤。

＊ 如果燃油系统的软管破损,可能会因燃油泄漏而引发火灾。

1. 检查

请检查发动机、空气滤清器、散热器、机油冷却器、变速箱、燃油箱各部位的配管及软管(见图 11-42 至图 11-45),如果发现漏油或漏水,应立即更换配管或软管,或紧固管箍。

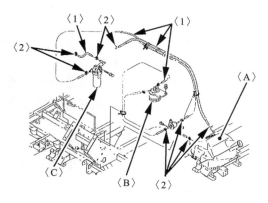

图 11-42　燃油管
1—燃油软管　2—管箍
A—燃油箱　B—燃油滤清器滤芯　C—油水分离器

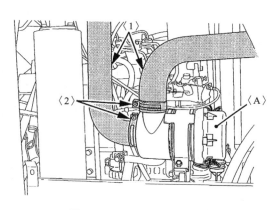

图 11-43　空气滤清器软管
1—空气滤清器软管　2—管箍
A—空气滤清器

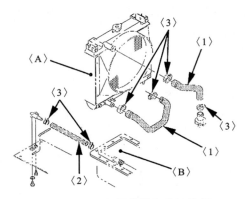

图 11-44　散热器软管和排油软管

1—散热器软管　2—排油软管　3—管箍

A—散热器　B—油底壳（发动机部）

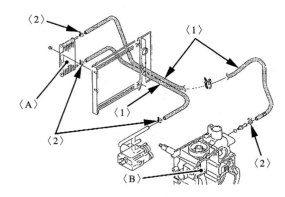

图 11-45　液压软管

1—液压软管　2—管箍

A—机油冷却器　B—变速箱

重要事项：

＊ 如果排油软管损坏，发动机也将损坏。

＊ 即使没有发生漏油或漏水，软管在使用 2 年后或者老化严重时也应该及时进行更换。

2．更换

进行更换时，请注意避免安装不良或者忘记紧固管箍，以及管箍紧固不足等情况。

重要事项：

＊ 更换时请注意不要让垃圾进入软管或配管。

补充：

＊ 更换燃油软管后，如果将主开关的钥匙保持在［开］位置，则自动进行大约 30 秒钟的排气。

3.2　防尘网、散热器散热片、机油冷却器散热片的清扫

清扫防尘网及散热片前，请打开发动机舱盖。清扫后请关闭发动机舱盖。

使用压缩空气喷吹等方式，将防尘网、散热器散热片、机油冷却器散热片及发动机附近黏附的垃圾清除干净。机油冷却器散热片位于发动机舱盖一侧。防尘网和散热片的位置参见图 11-46 和图 11-47。

重要事项：

＊ 清扫各散热片时，不得使用刮刀、螺丝刀等坚硬的工具或高压洗车机。尤其是如果损伤了散热器的散热片，可能会导致发动机输出功率降低或引发故障。

＊ 如果在发动机防尘网、散热器散热片堵塞以及发动机周围堵塞有脏物的情况下继续运行，可能会导致发动机过热，引发火灾。

补充：

＊ 发动机舱盖上附着的垃圾较多时，请每天打扫 2 次或 3 次。

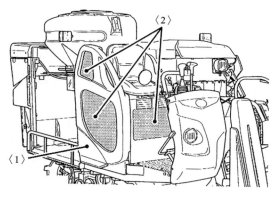

图 11-46 防尘网

1—发动机舱盖 2—防尘网

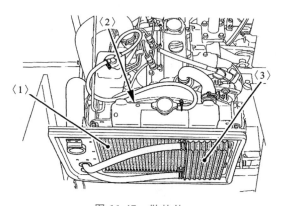

图 11-47 散热片

1—散热器散热片 2—散热器 3—机油冷却器散热片

3.3 燃油滤清器滤芯的清扫和更换

清扫或更换燃油滤清器滤芯时,请打开发动机舱盖。清扫、更换后请关闭发动机舱盖。

重要事项:

＊ 如果燃油内混入了垃圾等异物或者水,燃油滤清器会过早发生堵塞,其内部也更容易积水,而且还可能导致燃油泵及喷油嘴磨损,引起发动机故障。

补充:

＊ 请在补充燃油之前进行燃油滤清器滤芯的清扫或更换。

＊ 更换后,如果将主开关的钥匙置于［开］位置,则将自动进行 5～10 秒钟的排气。

燃油滤清器滤芯的更换步骤如下。

(1) 卷起供给帆布。

(2) 使用专用工具将滤芯拆下。

(3) 安装新的燃油滤清器滤芯。

第 2 次更换发动机机油时,请一起更换机油滤清器滤芯(见图 11-48),步骤如下。

（1）打开发动机舱盖。

（2）使用专用工具将滤芯拆下（拆卸方法和专用工具,参照燃油滤芯）。

（3）安装新的发动机机油滤清器滤芯。

（4）将机油补充至油尺的上限线处,然后运行发动机约 5 分钟。

（5）确认警报显示仪表盘上的油压警报指示灯处于熄灭状态,然后关停发动机。

（6）再次确认发动机机油的油量,若油量不足,请补充到规定量。

（7）关闭发动机舱盖。

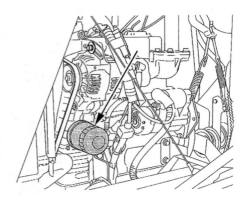

图 11-48 发动机机油滤清器滤芯

重要事项:

＊ 更换新的发动机机油滤清器滤芯时,在 O 形环上薄薄地涂抹一层机油后用手拧紧,请勿使用滤清器扳手。

＊ 更换发动机机油滤清器滤芯时,如果混入了垃圾等异物,滤清器将会更快发生堵塞,导致发动机故障。

补充:

＊ 更换机油滤清器滤芯后,机油油面会有所下降,下降的量相当于进入滤芯的量。

3.4 HST、变速箱机油滤清器滤芯的更换

注意:

＊ 在割台升起的状态下作业时,请将割台的安全锁具置于［锁定］位置,以防止割台下降。此外,还应采取垫入枕木等防止割台下降的措施。

更换 HST、变速箱机油滤清器滤芯的步骤如下。

（1）升起割台,并关停发动机。

（2）使用枕木等防止割台下降。

（3）排出 HST、变速箱机油。

（4）使用专用工具将 HST、变速箱机油滤清器滤芯拆下,参见图 11-49。

补充:

＊ 关于拆卸方法和专用工具,参照燃油滤芯拆卸。

＊ 拆下 HST、变速箱机油滤清器滤芯时,请将其稍微旋松后左右晃动 4～5 次,然后排油。

（5）安装新的 HST、变速箱机油滤清器滤芯。

（6）向 HST、变速箱加油至规定的量。

重要事项:

＊ 更换新的 HST、变速箱机油滤清器滤芯时,在 O 形环上薄薄地涂抹一层机油后用手拧紧,请勿使用滤清器扳手。

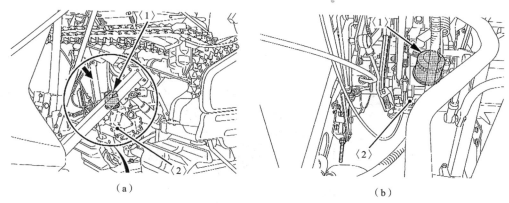

（a）　　　　　　　　　　　　　　（b）

图 11-49　变速箱机油滤清器滤芯位置

1—HST、变速箱机油滤清器滤芯　2—HST、变速箱

* 更换 HST、变速箱机油滤清器滤芯时，如果混入了垃圾等异物，滤清器可能会更快发生堵塞，导致 HST 或变速箱故障。

* 加油后，请使发动机空转 1 分钟以上，然后再次检查。如果检油口无机油溢出，则继续添加机油直至检油口有机油溢出。

3.5　停车刹车连杆的检查、调整

在停车刹车手柄挂在挂钩上的状态下，将压缩弹簧的长度调整为 31～33 mm（压缩弹簧的安装长度请测量挂钩的外侧尺寸）。具体步骤如下。

（1）拆下驾驶座左侧板。

（2）挂上停车刹车，参见图 11-50。

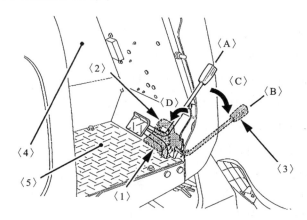

图 11-50　停车刹车连杆的检查、调整示意图

1—停车踏板　2—停车锁定手柄　3—刹车手柄　4—驾驶座左侧板　5—踏板

A—[解除]位置　B—[停车刹车]位置　C—按下　D—挂上

（3）旋松锁紧螺母和调整螺母，通过调整螺母进行调整，参见图 11-51。

（4）旋紧锁紧螺母后，装上驾驶座左侧板。

（5）解除停车刹车。

（6）调整后，再次确认停车刹车动作是否正常。

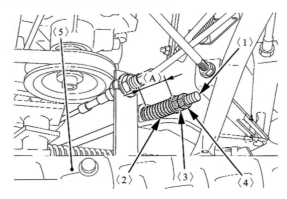

图 11-51 停车刹车连杆

1—停车刹车连杆 2—压缩弹簧 3—调整螺母 4—锁紧螺母 5—踏板

A—弹簧长度 31～33 mm

3.6 各部位皮带的调整参数

请参照表11-4调整各部位皮带的张力。

表 11-4 收割机各部位皮带的调整参数

序号		名称	规格	数量（根/台）	张力调整		
					张紧弹簧安装长度/mm		挠度/mm
发动机周围	1	风扇驱动皮带（见图11-52）	A34.5	1		—	5～10
	2	变速箱驱动皮带（见图11-53）	SB41	1	a	211～217	—
	3	收割驱动皮带（见图11-53）	SB37（齿形）	1	b	156～162	—
	4	脱粒驱动皮带（见图11-53）	LC56	1	c	252～258	—
割台	5	辅助传送（齿形）皮带（见图11-54）	80HDA35-15	2		—	3～8
脱粒部	6	脱粒筒箱驱动皮带（见图11-55）	SC84	1	d	116～126	—
	7	脱粒筒驱动皮带（见图11-56）	LB50	1	e	125～135	—
	8	1号搅龙、2号搅龙、振动筛、输送链条驱动皮带（见图11-57）	SB120	1	f	119～129	—
	9	切刀驱动皮带（见图11-58）	LB47	1	换挂弹簧		—

1. 检查

检查各部位的皮带时，请仔细确认下列事项。

（1）皮带烧结或磨损、保护层剥落、开裂或裂纹，参见图11-59。

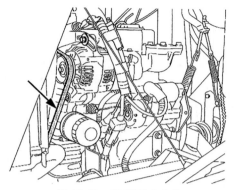

图 11-52　风扇驱动皮带

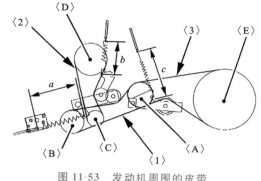

图 11-53　发动机周围的皮带

1—变速箱驱动皮带　2—收割驱动皮带　3—脱粒驱动皮带

A—发动机皮带轮　B—HST 驱动皮带轮

C—拨禾器驱动皮带轮　D—收割驱动皮带轮

E—清选风扇驱动皮带轮

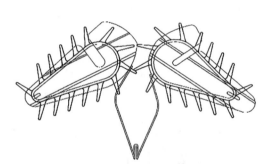

图 11-54　辅助传送（齿形）皮带

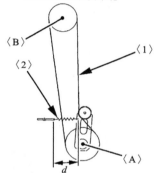

图 11-55　脱粒筒箱驱动皮带

1—脱粒筒箱驱动皮带　2—张紧弹簧

A—清选风扇驱动皮带轮　B—脱粒筒箱驱动皮带轮

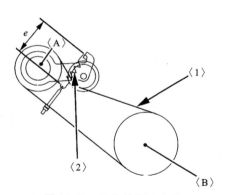

图 11-56　脱粒筒驱动皮带

1—脱粒筒驱动皮带　2—张紧弹簧

A—清选风扇驱动皮带轮　B—脱粒筒驱动皮带轮

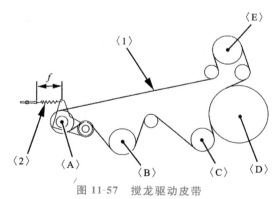

图 11-57　搅龙驱动皮带

1—1 号搅龙、2 号搅龙、振动筛、输送链条驱动皮带　2—张紧弹簧

A—清选风扇驱动皮带轮　B—1 号搅龙驱动皮带轮

C—2 号搅龙驱动皮带轮　D—振动筛驱动皮带轮

E—输送链条、切刀驱动皮带轮

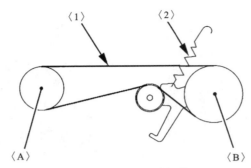

图 11-58　切刀驱动皮带

1—切刀驱动皮带　2—弹簧

A—输送链条、切刀驱动皮带轮　B—切刀驱动皮带轮

（a）烧结或磨损　　　（b）保护层剥落　　　（c）开裂或裂纹

图 11-59　皮带外观情况

（2）皮带底部和皮带轮槽之间的间隙，参见图 11-60。

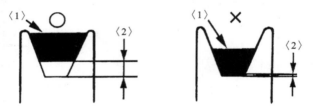

图 11-60　皮带底部与皮带轮槽的间隙

1—皮带　2—间隙

（3）皮带的伸长（挠度），参见图 11-61。

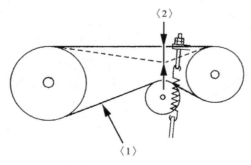

图 11-61　皮带挠度

1—皮带　2—挠度

确认上述事项后,若发现异常,请更换皮带或对皮带张力进行调整。

2. 调整

皮带松弛、容易打滑时,请进行张力调整。

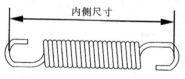

图 11-62   弹簧的安装长度

重要事项:

　　* 张紧弹簧的张力调整结束后紧固调整螺母或锁紧螺母时,请勿在弹簧扭曲的状态下紧固,否则会导致损坏。

　　* 弹簧的安装长度请测量挂钩的内侧尺寸,参见图 11-62。

3.7　风扇驱动皮带的检查、调整

请将手指按压皮带中心时[60～70 N(6～7 kgf)的压力]的挠度调整至 5～10 mm。相关结构参见图 11-63。

（1）打开发动机舱盖。

（2）旋松发电机的安装螺栓和调整螺栓。

（3）拉动发电机。

（4）紧固调整螺栓,然后紧固安装螺栓。

（5）关闭发动机舱盖。

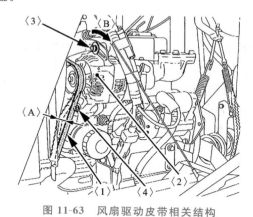

图 11-63   风扇驱动皮带相关结构

1—风扇驱动皮带　2—发电机　3—安装螺栓　4—调整螺栓

A—挠度 5～10 mm　B—拉出

3.8　变速箱驱动皮带的检查、调整

将张紧弹簧的长度调整至 211～217 mm,相关结构参见图 11-64。

（1）旋松锁紧螺母和调整螺母,通过调整螺母进行调整。

（2）紧固锁紧螺母。

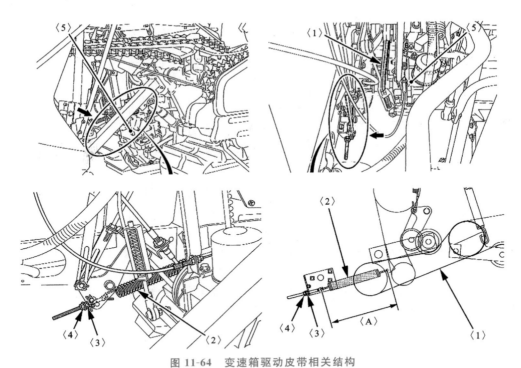

图 11-64　变速箱驱动皮带相关结构

1—变速箱驱动皮带　2—张紧弹簧　3—调整螺母　4—锁紧螺母　5—变速箱　A—211～217 mm

3.9　收割驱动皮带的检查、调整

将张紧弹簧的长度调整至 156～162 mm,相关结构参见图 11-65。

(1) 将割台降至地面后,关停发动机。

(2) 打开发动机舱盖,拆下驾驶座左侧板。

(3) 将收割离合器手柄置于[合]位置。

(4) 旋松锁紧螺母和调整螺母,通过调整螺母进行调整。

(5) 紧固锁紧螺母。

(6) 安装好驾驶座左侧板后,关闭发动机舱盖。

3.10　脱粒驱动皮带的检查、调整

将张紧弹簧的长度调整至 252～258 mm,相关结构参见图 11-66。

(1) 将割台降至地面后,关停发动机。

(2) 打开发动机舱盖,拆下驾驶座左侧板。

(3) 拆下脱粒部右侧盖。

(4) 将脱粒离合器手柄置于[合]位置。

(5) 旋松锁紧螺母和调整螺母,通过调整螺母进行调整。

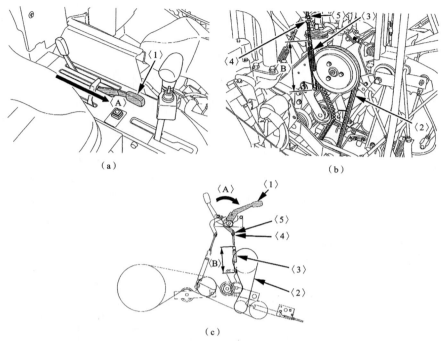

图 11-65　收割驱动皮带相关结构

1—收割离合器手柄　2—收割驱动皮带　3—张紧弹簧　4—调整螺母　5—锁紧螺母　A—[合]位置　B—156～162 mm

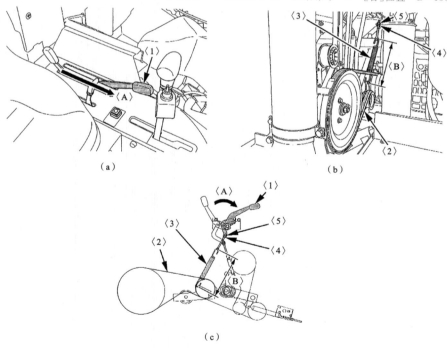

图 11-66　脱粒驱动皮带相关结构

1—脱粒离合器手柄　2—脱粒驱动皮带　3—张紧弹簧　4—调整螺母　5—锁紧螺母

A—[合]位置　B—252～258 mm

（6）紧固锁紧螺母。

（7）装上脱粒部右侧盖。

（8）安装好驾驶座左侧板后，关闭发动机舱盖。

3.11　辅助传送（齿形）皮带的检查、调整

请将手指按压皮带中心时（使用约 30 N 的压力）的挠度调整至 5～10 mm，相关结构参见图 11-67。

（1）拆下左右扶禾爪侧盖。

（2）稍稍旋松螺母，使用塑料锤等工具逐步向前（皮带张紧的方向）移动螺母安装部位，调节皮带挠度，然后拧紧螺母。

（3）装上左右扶禾爪侧盖。

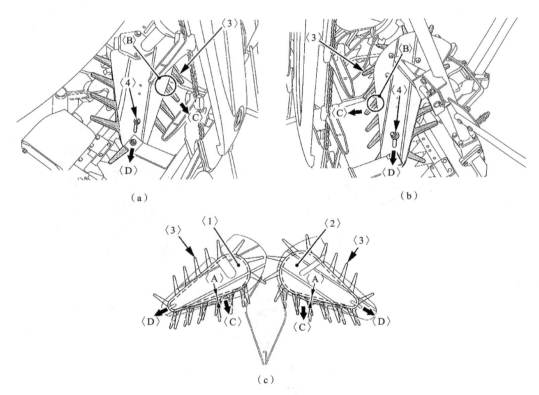

（a）　　　　　　　　　　（b）

（c）

图 11-67　辅助传递（齿形）皮带相关结构

1—右侧　2—左侧　3—辅助传送（齿形）皮带　4—螺母

A—挠度 5～10 mm　B—中心　C—拉　D—张紧

项 目 总 结

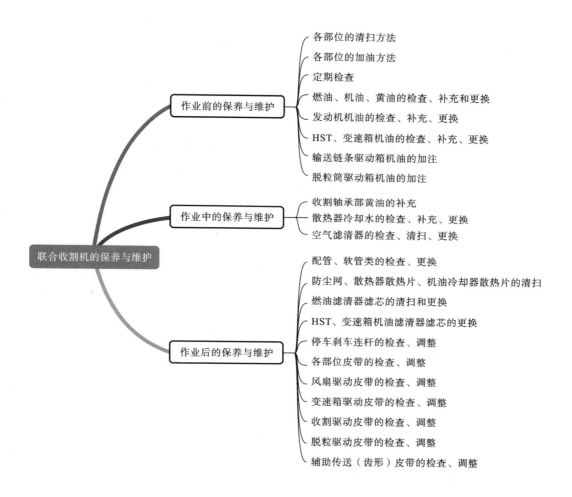

各部位的清扫方法

各部位的加油方法

定期检查

燃油、机油、黄油的检查、补充和更换

作业前的保养与维护

发动机机油的检查、补充、更换

HST、变速箱机油的检查、补充、更换

输送链条驱动箱机油的加注

脱粒筒驱动箱机油的加注

收割轴承部黄油的补充

作业中的保养与维护

散热器冷却水的检查、补充、更换

空气滤清器的检查、清扫、更换

联合收割机的保养与维护

配管、软管类的检查、更换

防尘网、散热器散热片、机油冷却器散热片的清扫

燃油滤清器滤芯的清扫和更换

HST、变速箱机油滤清器滤芯的更换

作业后的保养与维护

停车刹车连杆的检查、调整

各部位皮带的检查、调整

风扇驱动皮带的检查、调整

变速箱驱动皮带的检查、调整

收割驱动皮带的检查、调整

脱粒驱动皮带的检查、调整

辅助传送（齿形）皮带的检查、调整

思考与练习

1. 简述更换机油滤芯的步骤及注意事项。

2. 简述机油标号"5W-40"的含义。

3. 空气滤清器堵塞对联合收割机会造成什么影响？

参考文献

［1］陈小刚.丘陵农业机械使用与维护［M］.重庆:重庆大学出版社,2014.

［2］耿端阳,张道林,王相友,等.新编农业机械学［M］.北京:国防工业出版社,2011.

［3］久保田牌半喂入联合收割机使用说明书.

［4］久保田牌半喂入联合收割机零件手册.